FORSCHUNGSBERICHTE
DES WIRTSCHAFTS- UND VERKEHRSMINISTERIUMS
NORDRHEIN-WESTFALEN

Herausgegeben von Ministerialdirektor Prof. Leo Brandt

Nr. 35

Professor Dr. W. Kast, Krefeld

Feinstruktur-Untersuchungen an künstlichen Zellulosefasern
verschiedener Herstellungsverfahren

Als Manuskript gedruckt

SPRINGER FACHMEDIEN WIESBADEN GMBH 1953

ISBN 978-3-663-20003-1   ISBN 978-3-663-20354-4 (eBook)
DOI 10.1007/978-3-663-20354-4

Forschungsberichte des Wirtschafts- und Verkehrsministeriums Nordrhein-Westfalen

Vorwort

Der Feinbau der Faserstoffe ist in erster Linie durch den Grad der Parallelisierung ihrer Krystallite zur Faserachse charakterisiert. Trotzdem hat die Orientierungsmessung bisher in der Praxis nur wenig Anwendung gefunden; denn wenn auch generelle Zusammenhänge zwischen dem Orientierungszustand und den physikalischen Eigenschaften erkennbar waren, so traten im einzelnen doch häufig Mehrdeutigkeiten und Widersprüche auf. Die in dem vorliegenden Bericht dargestellten Untersuchungen galten deshalb dem Ziele, die Beschreibung des Orientierungszustandes besser und vollständiger zu gestalten. Es gelang dabei, neue Parameter zu gewinnen, die in eindeutigem Zusammenhange einerseits mit der Lenkung des Streckvorganges stehen, durch den die Orientierung herbeigeführt wird, wie andererseits auch mit den durch die erreichte Orientierung gegebenen physikalischen Eigenschaften der Fasern.

Bei der Erprobung dieser neuen Methoden erfreuten wir uns der verständnisvollen Unterstützung von seiten der kunstfasererzeugenden Industrie in weitem Maße. Besonders eng war die Zusammenarbeit mit dem Werk Dormagen der Farbenfabriken Bayer, die die Arbeiten auch materiell weitgehend unterstützten. Eine intensive Zusammenarbeit bestand auch mit der J.P. Bemberg A.G., Wuppertal, der Textilforschungsanstalt, Krefeld und dem Zelluloseforschungsinstitut der AKU in Utrecht (Holland). Außerdem stellten die Versuchsfabrik Sydowsaue der Vereinigten Glanzstoff-Fabriken, die Badische Anilin- und Sodafabrik, Ludwigshafen und die Deutsche Rhodiaceta A.G., Freiburg i.Br., wertvolles Untersuchungsmaterial zur Verfügung.

Besonderer Dank gilt aber dem Herrn Minister für Wirtschaft und Verkehr des Landes Nordrhein-Westfalen, für den für diese Arbeiten zur Verfügung gestellten Betrag von 20.000.-- DM. Davon konnten neben mehreren kleinen Apparaten vor allem zwei teure Geräte beschafft werden, durch die die Genauigkeit der Versuche entscheidend verbessert wurde, ein registrierendes Mikrophotometer nämlich zur quantitativen Auswertung der Röntgendiagramme und ein selbsttätig regulierender Transformator zur Konstanthaltung der Betriebsbedingungen der Röntgenapparaturen. Außerdem wurde aus diesen Mitteln eine technische Hilfskraft besoldet.

Ich möchte die Gelegenheit der Abfassung dieses Berichtes aber auch benutzen, um Herrn Direktor Dr. HOFMANN, Dormagen, meinen verbindlichsten Dank zu sagen für sein ständiges förderndes Interesse an diesen Untersuchungen, ferner Herrn Dr. MESKAT und Frl. Dr. WEIGEL, Dormagen, Herrn Dipl.Ing. ELSAESSER, Wuppertal, Herrn Prof. Dr. WELTZIEN, Krefeld, Herrn Prof. Dr. P.H. HERMANS, Utrecht und Herrn Dr. SIPPEL, Freiburg i.Br. für viele wertvolle Diskussionen. Weiter sei auch meinen Mitarbeitern Dr. PRIETZSCHK und Frl. ANDREE für ihre treue Hilfe und der Textilausrüstungsgesellschaft Krefeld für die gewährte Gastfreundschaft bestens gedankt.

Krefeld, den 28. Februar 1953

W. K A S T

G l i e d e r u n g

A. Einleitung . . . . S. 7
   1. Vorbetrachtung . . . . S. 7
   2. Problemstellung . . . . S. 9

B. Meßmethoden . . . . S. 13
   1. Bestimmung der Blättchenorientierung . . . . S. 13
      a) Die Faserkamera . . . . S. 13
      b) Das Photometer . . . . S. 15
      c) Die Schwärzungskurven . . . . S. 16
   2. Bestimmung der Achsenorientierung . . . . . S. 18
      a) Betrachtungen an der Lagenkugel . . . . . S. 19
      b) Die "schiefen" Aufnahmen . . . . S. 22
      c) Die Richtungsverteilungskurven . . . . . . S. 25
      d) Die Schwankungsgrößen . . . . S. 28
      e) Beziehungen zwischen Halbbreiten
         und Schwankungsgrößen . . . . S. 29

C. Die neuen Orientierungsparameter . . . . S. 32
   1. Die Halbbreite-Parameter . . . . S. 32
      a) Definitionen . . . . S. 32
      b) Beziehungen zu den Fasereigenschaften . . S. 33
      c) Beziehungen zum Streckvorgang . . . . . . S. 37
      d) Berechnungen für Stäbchen- und Blättchenfall S. 41
      e) Vergleich mit der Erfahrung . . . . S. 42
   2. Die Schwankungsgrößen-Parameter . . . . S. 47
      a) Definitionen . . . . S. 47
      b) Berechnungen für Stäbchen- und Blättchenfall S. 48
      c) Vergleich mit der Erfahrung . . . . S. 49
   3. Der Blättcheneffekt . . . . S. 55
      a) Die Zahl der Haftpunkte . . . . S. 55
      b) Die Lebensdauer der Haftpunkte . . . . . . S. 59

D. Schluß . . . . S. 63
   1. Zusammenfassung . . . . S. 63
   2. Ausblick . . . . S. 66

Literaturverzeichnis . . . . S. 68

Forschungsberichte des Wirtschafts- und Verkehrsministeriums Nordrhein-Westfalen

A. Einleitung

1. Vorbetrachtung

Die Faserstoffe bilden ein eindrucksvolles Beispiel dafür, daß die Eigenschaften eines Stoffes weniger durch die chemische Natur der Moleküle als durch ihre Form bestimmt werden. Sämtliche Faserstoffe haben langgestreckte sogenannte Kettenmoleküle, und sie haben sämtlich weitgehend gleiche physikalische Eigenschaften, ob es sich nun um die Moleküle des Fibroins in der Seide, des Keratins in der Wolle, der Zellulose in der Baumwolle, des Kondensates aus Hexamethylendiamin und Adipinsäure im Nylon oder des Caprolactams im Perlon etwa handelt. Die genannten Moleküle sind sämtlich hochpolymer, d.h. sie sind durch Aneinanderreihen von Grundmolekülen gebildet und erreichen Längen von der Größenordnung 1000 Å (1/10 000 mm) und Molekulargewichte von der Größenordnung 10 000. Die Moleküle stellen keine starren Stäbchen dar, wenn auch ihre Biegsamkeit in verschiedenem Maße eingeschränkt sein kann, und wenn der Stoff aus einer Schmelze erstarrt oder aus einer Lösung koaguliert, so ist der Ausgangszustand durch eine völlig verwirrte Lage mehr oder weniger gekrümmter oder geknäuelter Moleküle charakterisiert. Wenn jetzt durch die Erniedrigung der Temperatur oder die Entfernung des Lösungsmittels einzelne Moleküle in günstiger Lage miteinander Bindungen durch Nebenvalenzkräfte eingehen können, so ist klar, daß diese mit ihrer Streckung und Parallelisierung verbundene Ordnung von mehreren Zentren gleichzeitig ausgehend niemals die ganze Substanz erfassen kann, vielmehr zwischen den Zentren Gebiete mit sich überkreuzenden oder miteinander verschlauften, gekrümmten Molekülteilen übrig bleiben müssen. So sind alle hochpolymeren Substanzen also dadurch charakterisiert, daß sie nur teilweise krystallisieren können und daß ein und dasselbe Molekül gleichzeitig mehrere krystalline und nichtkrystalline Bereiche durchsetzen kann. Für die krystallinen Bereiche hat sich der Name Mizellen erhalten, obgleich er gegenüber der ursprünglichen Konzeption von NÄGELI, wie aus dem eben skizzierten Bilde hervorgeht, eine gewisse Abwandlung erfahren hat insofern als diese Zellen keine selbständigen Teilchen mehr darstellen. Man bezeichnet diese Struktur heute als ein mizellares Netz, in dem die krystallinen Gebiete die Knoten darstellen, während die nichtkrystallinen die dehnbaren Netzfäden bilden.

Betrachtet man das Röntgenbeugungs-Diagramm einer nativen oder einer künstlichen Faser, so zeigt dieses im Gegensatz zu anderen polykrystallinen Stoffen nicht voll und ringsherum gleichmäßig geschwärzte Interferenzringe, sondern nur mehr oder weniger kurze Sicheln, die anzeigen, daß die ihren langgestreckten Molekülen entsprechend auch langgestreckten Krystallite mit ihren Achsenrichtungen nicht völlig ungeordnet sondern vorzugsweise parallel zur Faserachse geordnet liegen.

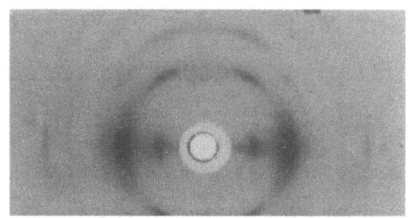

A b b i l d u n g 1
Faserdiagramm der Zellulose

Diese Orientierung, die bei den nativen Fasern eine Folge des Wachstumsvorganges ist, muß bei den künstlichen Fasern ebenfalls herbeigeführt werden, weil diese die Voraussetzung für die so erstaunlich hohe spezifische Reißfestigkeit und die elastische Dehnbarkeit der Fasern darstellt. Dazu dient der je nach der Art des Verfahrens gleichzeitig mit der Ausfällung oder erst anschließend durchgeführte Streckvorgang, durch den das mizellare Netz in der Zugrichtung auseinander- und in der Querrichtung zusammengezogen wird, was zur Folge hat, daß die krystallinen Bereiche ihre Achsen nun weitgehend parallel zur Dehnungsrichtung stellen. Die Lenkung und der Verlauf dieses Deformationsvorganges und die Art und Vollständigkeit der erreichten Orientierung bestimmen die Fasereigenschaften in weitestem Maße, und es war die Aufgabe dieser Arbeiten, eine im Gegensatz zu den bisher geübten Verfahren vollständige Beschreibung des Orientierungszustandes auf röntgenografischem Wege zu erhalten und seine Entstehung durch den Streckvorgang einerseits, wie andererseits auch seine Auswirkung auf die physikalischen Eigenschaften der Fasern zu studieren.

Die röntgenographische Messung der Orientierung, wie sie schon bald nach der Herstellung der ersten "Faserdiagramme" geübt wurde (1), nimmt die Bogenlängen der sichelförmigen Reflexe als ein Maß für die Schwankungen der Krystallitlagen um die Richtung der Faserachsen. Man geht dabei von der Überlegung aus, daß eine völlig ungeordnete Lage zu einem ringsherum gleichmäßig geschwärzten Ring, die mehr oder weniger parallel orientierte Lage zu kürzeren oder längeren Sicheln und die vollständige Parallelität schließlich zu punktförmigen Reflexen führt. Zur quantitativen Beschreibung mißt man den Intensitätsverlauf längs des Kreises und nimmt den Winkelabstand des Punktes, bei dem die Intensität auf die Hälfte herabgefallen ist, vom Maximum, die sogenannte azimutale Halbbreite, als Maß für die Orientierung. Diese stellt natürlich ein inverses Maß dar, denn die Orientierung ist um so besser, je kleiner die Halbbreite ist.

2. Problemstellung

Für die Orientierungsmessung wird man sich Netzebenen der krystallinen Bereiche aussuchen, die eine einfache Lage zu ihren Achsen (Molekülachsen) haben. Solche Reflexe, die ihr Maximum auf dem Äquator des Röntgendiagramms (horizontale Mittellinie der Abb. 1) haben, gehören zu Flächen, die parallel zu den Achsen liegen und paratrope Flächen genannt werden. Umgekehrt liegen die Reflexe der Netzebenen, die auf den Molekülachsen senkrecht stehen (diatrope Flächen) auf dem zum Äquator senkrecht stehenden Meridian des Diagramms. Diese würden zur Erfassung der Achsenverteilung der krystallinen Bereiche naturgemäß am besten geeignet sein, doch wurden sie bisher dazu nicht herangezogen, weil ihre Intensität im Vergleich zu den paratropen Reflexen im allgemeinen nur schwach ist. Man glaubte daher bisher, nur paratrope Flächen benutzen zu können und wählte von diesen den ersten gut von den anderen getrennt liegenden Äquatorreflex der Zellulose für die Orientierungsmessungen aus. Man ging dabei von der Vorstellung aus, daß die krystallinen Bereiche als etwa zylindrische Teilchen betrachtet werden können, die mit der Einstellung ihrer Achsen auch die dazu parallelen paratropen Flächen in gesetzmäßiger Weise orientieren.

Die Existenz einer solchen Korrelation ist tatsächlich auch immer dann gegeben, wenn längs der Sicheln der verschiedenen Äquatorreflexe gleiche Intensitätsverteilungen und damit gleiche Halbbreiten auftreten. KRATKY (2) und Mitarbeitern, die die ersten systematischen Orientierungsmessungen an Zellulosefasern durchgeführt haben und denen wir auch die ersten quantitativen Vorstellungen über den Deformationsvorgang verdanken, auf die noch zurückzukommen sein wird, erkannten aber bald, daß die genannte Voraussetzung gleicher Schwärzungsverteilungen in sämtlichen Äquatorreflexen im allgemeinen nicht erfüllt ist, sondern daß gerade der meistbenutzte Reflex A_o stets eine wesentlich kleinere Halbbreite zeigt als die beiden anderen intensiven Äquatorreflexe A_3 und A_4. Sie zogen daraus den Schluß, daß diese Fläche bei der Deformation des mizellaren Netzes bevorzugt parallel zur Dehnungsrichtung eingestellt wird und sahen die unterdessen durch andere unabhängige Methoden bestätigte Erklärung dafür darin, daß die krystallinen Bereiche nicht zylindrische, sondern flache, blättchenförmige Teilchen darstellen mit der zum Reflex A_o gehörenden Fläche 11o als Blättchenfläche. Es ist ohne weiteres verständlich, daß eine solche bevorzugt ausgebildete Fläche bei der Deformation besonderen Kräften ausgesetzt ist und damit eine bevorzugte Orientierung erfährt. <u>Doch entfällt damit, und das ist die grundlegende neue Erkenntnis, auf der die hier entwickelten neuen und vollständigen Methoden der Orientierungsmessung beruhen, jede Korrelation zwischen dem Maße der Orientierung dieser Blättchenfläche und dem Ausmaß der Orientierung der Achsen der krystallinen Bereiche.</u>

Die Halbbreite des Reflexes A_o der Blättchenfläche gibt ja nur ein Maß für die Größe der Schwankung ihrer Normalen um die Richtung des Faserradius. Ist diese Schwankung Null, stehen die Normalen der Blättchenflächen also sämtlich senkrecht zur Faserachse, die Flächen selbst also sämtlich parallel dazu, so ist damit über die Richtung der in diesen Flächen liegenden Achsen noch garnichts ausgesagt; vielmehr können diese Flächen um ihre Normalen noch beliebig verdreht sein, sodaß die Achsen in völlig willkürliche Richtungen zeigen. Abb. 2 demonstriert das an einer Skizze, die insofern schematisch ist, als man sich die Begrenzung der krystallinen Bereiche natürlich nicht mit so scharfen Flächen und Kanten vorstellen darf. <u>Wir bezeichnen die durch die azimutale Halbbreite h des Blättchenreflexes A_o gegebene Orientierung daher als "Blättchen-Orientierung" und müssen zur Erfassung der Richtungsverteilung der Achsen, zur Messung der "Achsen-Orientierung" also, nach neuen Methoden suchen. Erst mit der Angabe beider Orientierungsbeträge würde die erstrebte vollständige Beschreibung des Orientierungszustandes erreicht sein.</u>

KRATKY (3) und Mitarbeiter haben diesen Mangel bisher nicht empfunden, weil sie von einer theoretischen Vorstellung für den Deformationsmechanismus ausgingen, die auch im Blättchenfalle eine Korrelation zwischen der Orientierung der Blättchenflächen und der der Achsen einschließt.

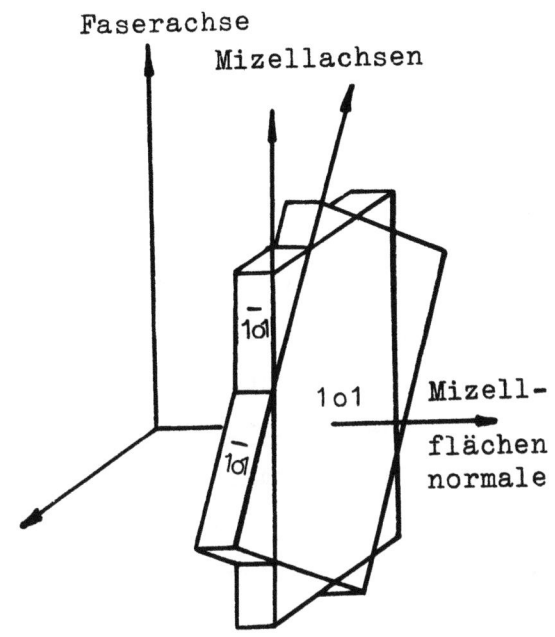

Abbildung 2

Unbestimmte Lage der Krystallitachsen bei völliger
Parallelstellung ihrer Blättchenflächen

Ihre Benutzung bedeutet aber, daß in die Beschreibung des Orientierungszustandes von vornherein eine bestimmte theoretische Vorstellung genommen wird. Wir möchten das umsomehr vermeiden, als die KRATZKY'sche Deformationstheorie keine physikalische, sondern nur eine formal geometrische Beschreibung des Deformationsvorgangs gibt. Es ist klar, daß für den Ablauf der Deformation in erster Linie die beweglichen und dehnbaren nichtkrystallinen Gebiete verantwortlich sind. Man kann nun zwar angeben, in welcher Art die Richtungen der Glieder einer mehr oder weniger geknäuelten Kette bei ihrer Streckung verändert werden, doch gelingt es auf keine Weise, von dort aus zu einer Ableitung der Lagen der Achsen und Flächen der krystallinen Knotenpunkte des Netzes zu gelangen. KRATKY muß sich daher mit einer formalen Verknüpfung von Dehnung und Orientierung begnügen und findet diese in der Konzeption einer sogenannten affinen Verzerrung, einer Verzerrung also, bei der jedes beliebig kleine Volumenelement in derselben Weise verformt wird wie ein beliebig größeres.

Zwar findet dieses Prinzip seine Grenze bei den Abmessungen der Gitterbereiche, die durch die zur Verfügung stehenden Kräfte nicht verformt werden können; doch muß sich die Verformung der Umgebung in diesem Falle in einer Einstellung der Achsen oder anderer durch die Form der Teilchen bestimmter Vorzugsrichtungen in die Dehnungsrichtung auswirken.

Dieser Berechnung der Orientierung als Funktion der Verstreckung liegt also die Vorstellung zugrunde, daß die Gitterbereiche in einem viskosen Kontinuum gleichsam schweben und sich dessen Verformung folgend unabhängig voneinander bewegen können. In dem Falle, daß die krystallinen Bereiche als mehr oder weniger zylindrische Stäbchen angesehen werden können, genügt die Anwendung der affinen Verzerrung der Umgebung auf die Mitführung ihrer Achsen. Im Falle der Blättchen aber geht KRATKY so vor, daß er sowohl die Achsen als auch die Normalen auf den Blättchenflächen der affinen Verzerrung des Raumes folgen läßt, und erhält so eine Verknüpfung zwischen den Orientierungen der Krystallitachsen und ihrer Blättchenflächen. Unsere Absicht ist es jedoch, diesem formalen Bilde des Deformationsvorganges zu entgehen und mehr physikalisch vorzugehen. Wenn man an die Verknüpfung der krystallinen Bereiche untereinander denkt, also von den Netzvorstellungen ausgeht, ist es klar, daß bei der Streckung sowohl Längskräfte als auch Querkräfte auftreten und schon SISSON (4) hat ausgesprochen, daß die Orientierung der Achsen den Längskräften zuzuschreiben wäre, während die Querkräfte die Tendenz haben müßten, die Blättchenflächen senkrecht zum Faserradius zu stellen. Dabei ist es nun denkbar, daß je nach dem Maße der Vernetzung mehr oder weniger starke Querkräfte und damit eine mehr oder weniger ausgesprochene Bevorzugung der Blättchenfläche vor den anderen paratropen Flächen auftritt. Fehlt z.B. jede Vernetzung, sodaß die Teilchen bei der Deformation aneinander entlanggleiten können, so fehlen auch die Querkräfte und damit die Ursache zu einer bevorzugten Blättchenorientierung. Umgekehrt kann so das Maß der Bevorzugung der letzteren zugleich als Maß für die Vernetzung des mizellaren Systems der Zellulose gelten und indem wir zu einer unabhängigen Beschreibung beider, der Achsen- und der Blättchenorientierung gelangen, gewinnen wir also die Möglichkeit, Aussagen über ihre Korrelation und damit über den Charakter der Vernetzung des Zellulosegels zu erhalten.

B. Meßmethoden
1. Die Bestimmung der Blättchenorientierung

a) Faserkamera

Für die Messung der Blättchenorientierung können wir den Äquatorreflex A_o benutzen und bedienen uns dazu einer ähnlichen Methode, wie KRATKY und seine Mitarbeiter sie entwickelt haben. Der Unterschied liegt nur darin, daß wir uns darüber klar sind, daß diese Messung nur die Orientierung der Blättchenflächen liefern, über die Orientierung der Achsen aber nichts aussagen kann.

Die Röntgenaufnahmen zur Ausmessung des Reflexes A_o erfolgten mit einer selbstgebauten Faserkamera, die in Abb. 3 schematisch im Schnitt dargestellt ist.

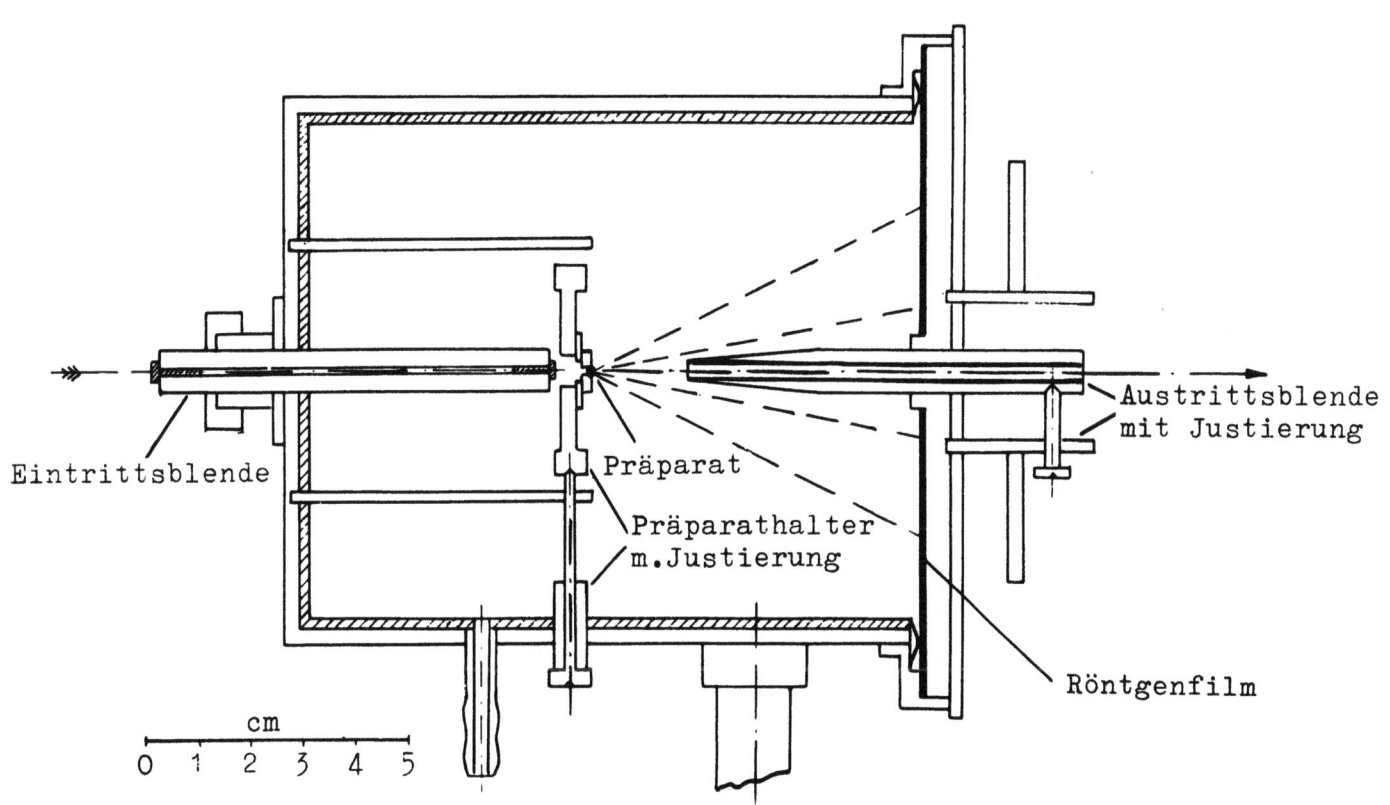

Abbildung 3
Schnittzeichnung der Faserkamera für senkrechte Aufnahmen

Es handelt sich um einen liegenden Zylinder, in dessen Achse der Röntgenstrahl verläuft. Die Stirnfläche trägt die Eintrittsblende von 80 mm Länge und 0,5 mm Weite, die der Herstellung eines möglichst parallelen Faserbündels dient. Der Strahl durchsetzt dann das Präparat, das aus einem sorgfältig parallel geordneten Faserbündel von etwa 0,3 mm Durchmesser besteht und auf einen Präparatträger aufgekittet ist. Dieser wird auf die gezeichnete durchbohrte Scheibe aufgesetzt, die von außen her mit drei Schrauben zentriert werden kann. Die Rückseite der Kamera trägt einen ebenen kreisförmigen Film, der also nach Art der Astbury-Kammer senkrecht zum Röntgenstrahl und parallel zum Faserbündel steht. Außerdem aber ist durch die Rückwand eine Austrittsblende durchgeführt, die den durchgehenden Röntgenstrahl aufnimmt und ebenfalls mit Hilfe von drei Schrauben zentriert werden kann. Sie wird möglichst weit zum Präparat vorgeschoben, um die von dem intensiven durchgehenden Strahl hervorgerufene Luftstreuung möglichst vollständig abzufangen. Auf diese Weise werden Diagramme erhalten, die bis zum Mittelpunkt völlig klar sind. Ein solches ist in Abb. 4 reproduziert. Die Belichtungszeit beträgt 1 - 2 Stunden. Danach werden die Filme unter streng standardisierten Bedingungen entwickelt und dann vom Mittelpunkt aus radial unter verschiedenen Winkeln photometriert, um den Schwärzungsabfall längs der Sicheln der Äquatorreflexe und insbesondere des Reflexes A_o zu erhalten.

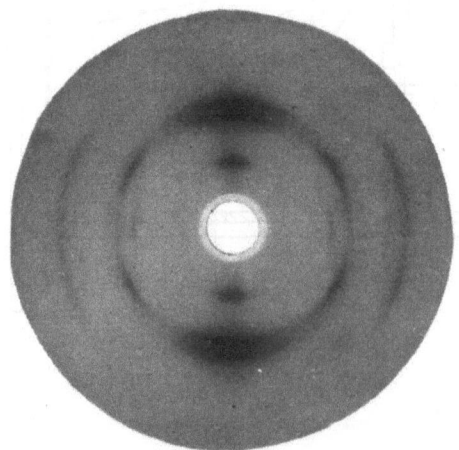

A b b i l d u n g   4
Faserdiagramm einer Chemiekupferseide

Forschungsberichte des Wirtschafts- und Verkehrsministeriums Nordrhein-Westfalen

b) Photometer

Das verwendete Photometer ist ein selbstregistrierendes Photometer der Firma Kipp & Zonen, Delft (Holland), das mit thermoelektrischer Anzeige arbeitet. Ihm wurden aus Gründen der Einfachheit des Prinzipes und der Sicherheit der Messungen, durch die die Genauigkeit unserer Orientierungsmessungen entscheidend beeinflußt wird, der Vorzug vor den in Deutschland gebauten Photometern mit lichtelektrischer Anzeige gegeben. Es besitzt eine von einem Motor angetriebene lange und genaue Spindel, die einen Schlitten bewegt, auf dem der auszumessende Film parallel zur Bewegungsrichtung befestigt ist. Dieser Filmhalter ist so eingerichtet, daß der Film um seinen Zentralpunkt um meßbare Winkel gedreht werden kann. Senkrecht zu der Spindel und senkrecht zum Film steht die optische Bank; das Licht einer von einer Akkumulatorenbatterie genügend großer Kapazität gespeisten 6 Volt-Lampe geht durch einen Spalt, der durch ein Linsensystem auf den Film scharf abgebildet wird. Auf der anderen Seite des Filmes befindet sich ein zweites optisches System, das diesen schmalen Lichtfleck dann auf den Spalt eines Vakuumthermoelementes abbildet. An dem Thermoelement ist ein hochempfindliches und schnell schwingendes Moll'sches Galvanometer angeschlossen; sein Lichtzeiger fällt auf eine Registriertrommel, deren Drehung mit der Umdrehung der Spindel und auf diese Weise auch mit der Verschiebung des Filmes starr gekoppelt ist.

Das Photogramm wird von 2 horizontalen Linien begrenzt, deren eine der Durchlässigkeit des Röntgenfilmes an einer unbelichteten Stelle (Schleierschwärzung = Maximalausschlag) entspricht, während die andere der völligen Undurchlässigkeit (Nullpunkt des Galvanometerausschlages) entsprechende durch Verschließen des Thermoelementes erhalten wird. Die Differenz beider Linien mißt also die einfallende Intensität J_o. Wenn der Film nun quer durch den Lichtstreifen hindurch bewegt wird, zeichnet der Lichtzeiger des Galvanometers eine Kurve auf, die den örtlichen Schwärzungen des Filmes entspricht und naturgemäß zwischen den beiden angegebenen Grenzen verläuft. Mißt man an einer Stelle von der Null-Linie aus den örtlichen Galvanometerausschlag J, so liefert $\log \frac{J_o}{J} = S$ die an dieser Stelle auftretende Schwärzung. Auf diese Weise kann aus der Photometerkurve die Schwärzungskurve erhalten werden, die zugleich die Intensitätskurve darstellt, weil die Schwärzung bei Röntgenlicht und bei der Einhaltung kleinerer Schwärzungen als 1,2 der Intensität streng proportional ist. Wir konnten die mühsame punktweise Ausmessung der Schwärzung umgehen, indem wir ein für frühere Arbeiten schon konstruiertes Zeichengerät benutzten, das die ganze Photometerkurve laufend in die Schwärzungskurve umzuzeichnen gestattet. Es ist der Vorteil eines thermoelektrischen Gerätes, daß man ein solches Gerät einsetzen kann, weil die Galvanometeranzeige hier stets und ohne Eichung und Veränderlichkeit eine direkte Energiemessung liefert, sodaß das Zeichengerät nur die Logarithmierung der Ausschläge vorzunehmen braucht. Andere Photometer, die lichtelektrische Zellen benutzen und mit Röhren oder Elektrometern zur Anzeige arbeiten, gestatten das nicht, weil hier die Lichtzellen und die Anzeigeinstrumente komplizierte und mit den Betriebsspannungen oder der Temperatur veränderliche Eichkurven haben.

c) Auswertung der Schwärzungskurven

Abb. 5 zeigt einige unter verschiedenen Winkeln α gegen den Äquator erhaltene radiale Schwärzungskurven einer Faseraufnahme und ihre Auswertung. Man sieht, daß den Krystallinterferenzen, dem Reflex A_o und dem Doppelreflex A_3, A_4, ein kontinuierlicher Untergrund unterlagert ist, der von der Streuung der nichtkrystallinen Gebiete herrührt und zur Messung der Intensität der Reflexe zunächst abgetrennt werden muß. Diese Abtrennung ist nicht ganz ohne Willkür möglich. Man muß deshalb sehen, daß man in allen Fällen möglichst gleichartig verfährt, um vergleichbare Auswertungen zu erhalten. Trotzdem läßt sich mit Sicherheit erkennen, daß nicht nur die Intensität der Reflexe mit den vom Äquator aus gemessenen Winkeln abnimmt, sondern auch die Untergrundschwärzung eine Verminderung mit der Entfernung vom Äquator zeigt, und dadurch wird erstmalig nachgewiesen, daß auch die nichtkrystallinen Gebiete eine Orientierung erfahren haben. Man konstruiert nun die azimutalen Schwärzungskurven für die Gesamtschwärzung (a) und für die Untergrundschwärzung (b), indem man die Höhen der Gipfel A_o über der Null-Linie des Photogramms und ebenso die Untergrundhöhen unter ihnen mißt und über dem Azimutwinkel aufträgt. Die Differenzkurve (c) liefert dann die azimutale Schwärzungskurve des A_o-Reflexes selbst. Alle drei Kurven sind in Abb. 6 beispielhaft dargestellt. <u>Mißt man dann die halbe Breite der Kurve (c) in der halben Höhe, so erhält man die gesuchte azimutale Halbbreite α_h des Blättchenreflexes A_o.</u>

Bestimmt man aber auch die Halbbreiten der Gesamtschwärzungskurve (a) und der Untergrundkurve (b), so erhält man andere Zahlen. Die Halbbreite

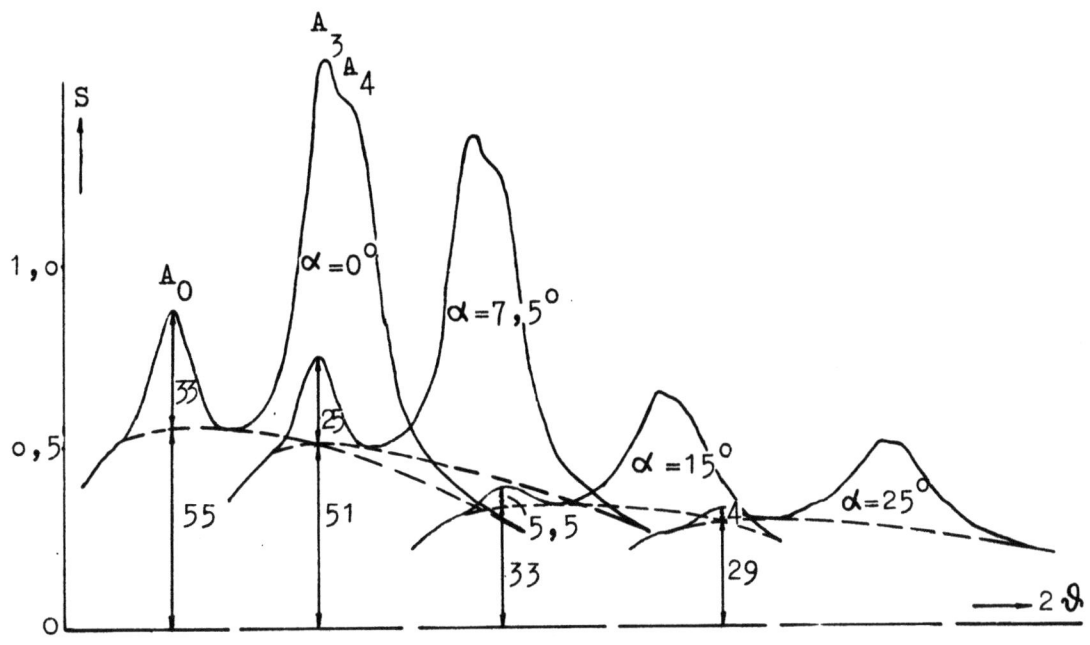

Abbildung 5

Schwärzungskurven einer Faseraufnahme

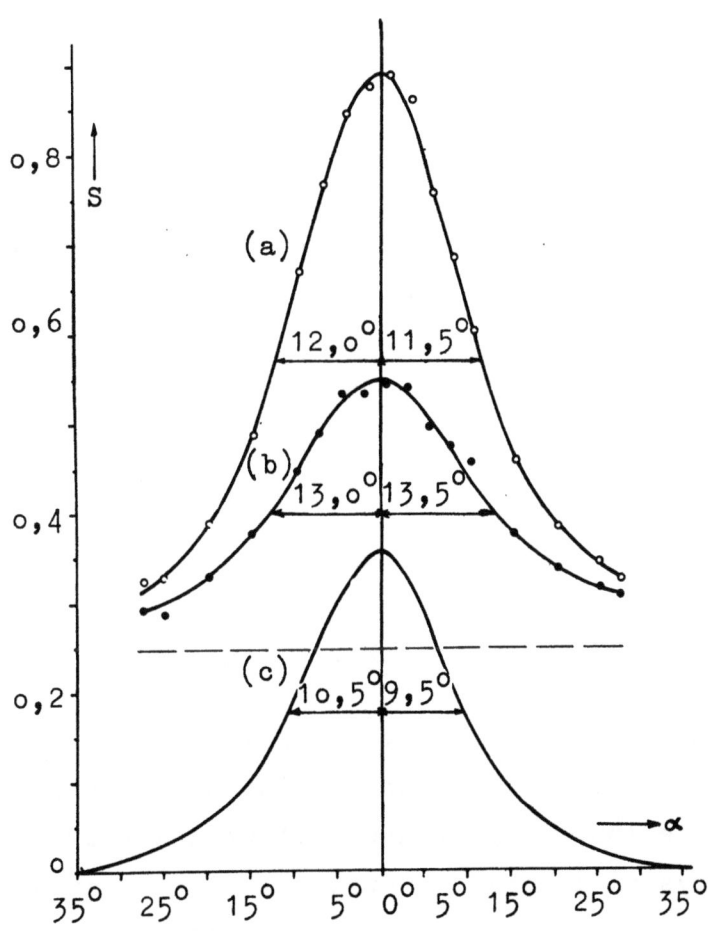

Abbildung 6

Die azimutalen Schwärzungskurven des Reflexes A_0 (c), sowie seiner Gesamtschwärzung (a) und der Untergrundschwärzung (b)

des Untergrundes (u) ist größer als die des Reflexes (r), die Orientierung der nicht krystallinen Gebiete ist also weniger gut, als die der krystallinen. Die Halbbreite der Gesamtschwärzung (g) aber liegt zwischen diesen beiden Werten; denn sie muß sich aus diesen beiden Halbbreiten im Verhältnis der Mengenanteile der krystallinen (p) und der nichtkrystallinen Anteile (1-p) zusammensetzen:

$$g = r \cdot p + u \cdot (1-p)$$

Daraus folgt dann

$$p = \frac{u - g}{u - r}$$

so daß der Betrag des krystallinen Anteiles überschlägig berechnet werden kann. Die so berechneten Werte für p liegen zwischen o,4 und o,5 (4o und 5o %) (Tab. 1). Sie stimmen mit den nach anderen Methoden bestimmten Zahlen befriedigend überein und beweisen so, daß unsere Interpretation der mit dem Azimut veränderlichen Untergrundhöhe als Orientierungseffekt der nichtkrystallinen Gebiete richtig ist. Der Nachweis dieser Orientierung konnte damit zum ersten Male geführt werden.

Tabelle 1

Azimutale Halbbreiten des Reflexes A_o (r) sowie seiner Gesamtschwärzung (g) und seiner Untergrundschwärzung (u)

Faser	u	g	r	p
Fortisan	1o	9	8	o,5o
Cupresa	11,5	1o,5	9,5	o,5o
Versuchsfaser I	13,3	11,8	1o,o	o,455
Versuchsfaser II	14,o	12,8	11,3	o,445

2. Bestimmung der Achsenorientierung

Die Bestimmung der Achsenorientierung verlangt, wie oben schon auseinandergesetzt wurde, die Ausmessung eines Meridianreflexes, denn die azimutale Intensitätsverteilung längs eines diatropen Reflexes, also des Reflexes einer zur Krystallitachse senkrechten Fläche, steht in sehr einfacher Beziehung zu der Richtungsverteilung der Krystallitachsen, weil ihre Normale mit der Krystallitachse identisch ist. Obwohl dieser einfache Zusammenhang schon von POLANYI (5) erkannt war, scheiterte seine praktische Auswertung bisher an der zu geringen Intensität der diatropen Interferenzen.

Diese unzureichende <u>Intensität</u> liegt nun aber nur zu einem Teile in der Krystallstruktur begründet, zum anderen Teile ist sie durch einen Textureffekt bedingt. In einer gut orientierten Faser liegen diese Flächen nämlich überwiegend senkrecht zur Faserachse, bei der gewöhnlichen Aufnahmetechnik also parallel zum einfallenden Röntgenstrahl, und können daher nicht reflektieren. Nur die wenigen Krystallite, deren Achsen eine größere Neigung gegen die Faserachse haben, als dem Braggschen Winkel entspricht – das sind $8,6°$ für o2o und $17,4°$ für o4o – können in dieser Anordnung zur Reflexion beitragen.

a) Betrachtungen an der Lagenkugel

Abb. 7a erläutert diese Verhältnisse an der Lagenkugel. Die Faserachse steht senkrecht im Raum und durchsetzt die Lagenkugel in F. Der einfallende Röntgenstrahl verläuft von links nach rechts in der Zeichenebene und trifft rechts auf den senkrecht dazu gestellten Röntgenfilm. Das Lot auf der betrachteten Fläche OkO soll die Neigung ϱ gegen die Faserachse haben. Sein geometrischer Ort ist also der Breitenkreis um die Faserachse mit dem Polabstand ϱ. Die Reflexionsstellung der Fläche wird durch den Schnittpunkt P dieses Breitenkreises mit dem sogenannten Reflexionskreis bestimmt, dessen Ebene senkrecht zum einfallenden Röntgenstrahl steht und dessen Radius durch den cos des Braggschen Winkels der Fläche gegeben ist. Der Fahrstrahl OP stellt also die Normale auf der um $\frac{\pi}{2}-\varrho$ gegen die Faserachse geneigten Fläche OkO in ihrer Reflexionsstellung und damit das Einfallslot dar und bestimmt so die Neigung ß der Reflexionsebene gegen die Senkrechte. Derselbe Winkel ß findet sich daher auf dem Röntgenfilm zwischen dem Zenitpunkt Z und dem Reflex R der Fläche OkO des um den Winkel ϱ gegen die Faserachse geneigten Krystallits. So ergibt sich anhand des von den Winkeln ϱ, ϑ und ß gebildeten sphärischen Dreiecks auf der Lagenkugel die schon von POLANYI aufgestellte Beziehung:

$$\cos \varrho = \cos ß \cdot \cos \vartheta$$

zwischen der Neigung ϱ der Krystallitachse gegen die Faserachse und dem Polwinkel ß auf dem Debye-Scherrer-Kreis eines diatropen Reflexes mit dem Braggschen Winkel ϑ. Danach reflektieren aber nicht die zur Faserachse parallel gestellten, sondern die gegen sie um den Winkel $\varrho = \vartheta$ geneigten Krystallite in den Zenitpunkt (ß = 0) des Interferenzkreises, und daher

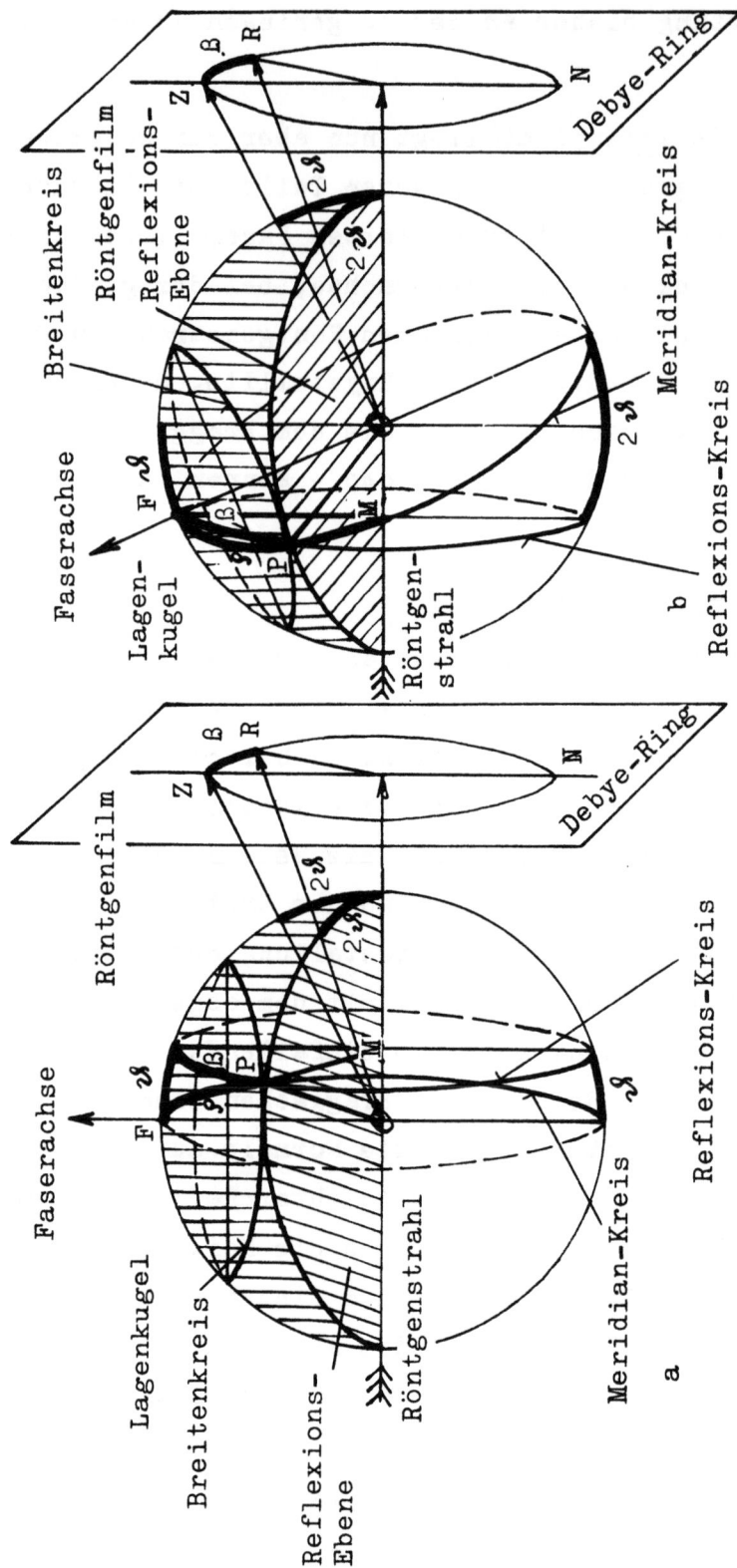

Abbildung 7

Darstellung der Reflexionsbedingungen an der Lagenkugel

a) bei Senkrechtstellung der Faserachse zum Röntgenstrahl,

b) bei Neigung der Faserachse aus der Senkrechten um den Bragg'-schen Winkel erfaßt die reflektierte Intensität eben nur die Zahl und die Richtungsverteilung der Krystallite, die eine größere Neigung als ϑ gegen die Faserachse haben. Man kann dem aber abhelfen, indem man die Faserachse nicht senkrecht zum einfallenden Röntgenstrahl stellt, sondern sie um den Braggschen Winkel ϑ aus der Senkrechten gegen diesen neigt (Abb. 7b). So wird erreicht, daß nun der Reflexionskreis durch den Pol F der Faserachse selbst hindurchgeht, und infolgedessen kommen nun sämtliche Breitenkreise bis $\varrho = 0$ einschließlich zum Schnitt mit dem Reflexionskreis. Die Flächen 0k0 können jetzt also in allen Lagen bis zur Senkrechtstellung zur Faserachse ($\varrho = 0$) reflektieren. Betrachtet man nun den Bogen PF einmal auf dem Meridiankreis (Zentrum O, Radius 1, Winkel ϱ) und das andere Mal auf dem Reflexionskreis (Zentrum M, Radius $\cos \vartheta$, Winkel ß), so findet sich folgende Beziehung zwischen ϱ, ß und ϑ

$$\sin \varrho /2 = \sin ß/2 \cdot \cos \vartheta$$

Jetzt entspricht also dem Zenitpunkt (ß = 0) auf dem Interferenzkreis auch die Parallelstellung ($\varrho = 0$) zwischen Krystallitachse und Faserachse. Durch diese Fokussierung kommen also, wenigstens auf der einen (oberen) Seite des Filmes, alle Flächen 0k0 zur Reflexion, und die Intensitätsverteilung J (ß) längs des Interferenzkreises gibt die Richtungsverteilung G (ϱ) aller Krystallitachsen wieder, wenn man ß nach der gegebenen Beziehung in ϱ umsetzt. Insbesondere bei kleinen Braggschen Winkeln, also bei der Fläche 020, sind die dadurch gegebenen Winkelkorrekturen unerheblich (Tab. 2).

In der unteren Hälfte des Interferenzkreises (ß > 90°) dagegen nehmen die Differenzen zwischen ß und ϱ schnell zu, so daß dem Nadirpunkt N des gegenüberliegenden Reflexes (ß = 180°) noch die Neigung $\varrho = 180° - 2\vartheta$ zwischen Krystallitachse und Faserachse entspricht. Entsprechend zeigt auch die Betrachtung der Lagenkugel, daß die Gegenpole von Faserachse und Reflexionskreis einen Winkel vom Betrage 2ϑ einschließen, daß also nach der Gegenseite nur solche Krystallite reflektieren können, deren Achsen um mehr als 2ϑ gegen die Faserachse geneigt sind.

<u>Durch die Neigung der Faserachse gegen den Röntgenstrahl um den Bragg'schen Winkel ϑ einer Fläche 0k0 wird die Intensität ihrer Reflexe auf der einen Seite also verstärkt (und zwar wie sich zeigen wird, bei normalen Kunstseiden etwa um die Faktoren 3 für 020 und 12 für 040), auf</u>

Tabelle 2

Polwinkel β auf dem Interferenzkreis und Neigungswinkel ϱ zwischen Krystallitachse und Faserachse für verschiedene Reflexe 0k0, jeweils in fokussierter Stellung (Bragg-W. ϑ)

β	ϱ		
	o2o (ϑ = 8,6°)	o4o (ϑ = 17,4°)	o6o (ϑ = 26,6°)
0°	0°	0°	0°
5	4,94	4,8	4,4
1o	9,9	9,5	8,8
15	14,9	14,4	13,5
2o	19,8	19,1	18,0
25	24,7	23,6	22,3
3o	29,7	28,6	26,7
35	34,7	33,4	31,2
4o	39,6	38,1	35,6
45	44,5	42,8	40,0
6o	59,2	57,0	53,2
9o	88,6	84,6	78,6
18o	162,8	145,2	126,8

der anderen Seite dagegen praktisch bis zum Verschwinden geschwächt. Zugleich wird dabei die Intensitätsverteilung J (β) des Reflexes längs des Interferenzkreises (vom Zenit aus gemessen) mit der Richtungsverteilung G (ϱ) der Krystallitachsen um die Faserachse identisch.

b) Schiefe Aufnahmen

Um solche schiefen Aufnahmen des Meridianreflexes II_o der diatropen Fläche 020 zu erhalten, wurde das Faserpräparat, ähnlich wie HENGSTENBERG es gemacht hat, um Meridianreflexe hoher Ordnung zu erhalten, im Zentrum einer großen Debye-Kammer mit 115 mm Radius in horizontaler Lage und mit einer Abweichung um den Braggschen Winkel 8,6° aus der Senkrechten zum einfallenden Röntgenstrahl angeordnet (Abb. 8a). Obgleich der Reflex 040 auf einer für ihn fokussierten Aufnahme (ϑ = 17,4°) noch wesentlich intensiver ist, wurde für die Auswertungen doch der Reflex 020 benutzt, weil die Sicheln der 2. Schichtlinie kürzer sind als die der 4. und infolgedessen die benachbarten Reflexe 020 und 12o hier weniger stören als dort o41 und 14o.

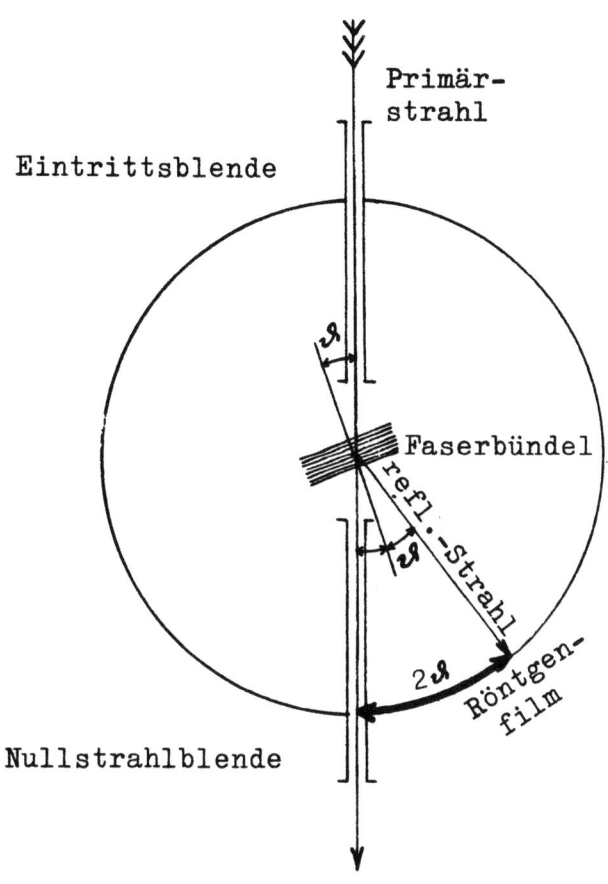

Abbildung 8

Schiefe Aufnahme des Meridianreflexes II_o
Schematische Darstellung der Anordnung

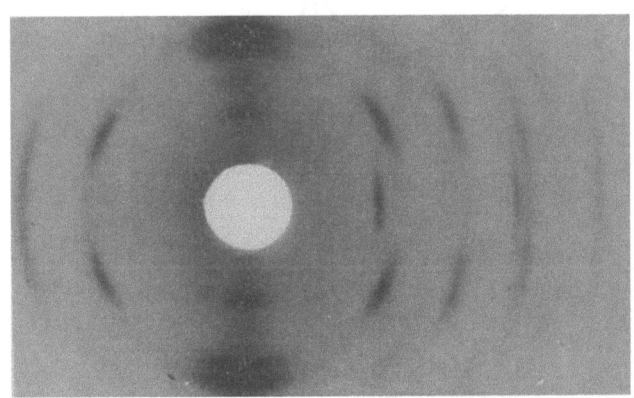

Abbildung 9

Schiefe Aufnahme des Meridianreflexes II_o
Diagramm

Abb. 1o zeigt dann eine Reihe radialer Intensitätskurven einer schiefen Aufnahme und veranschaulicht den Abfall der Höhen der O20-Berge mit zunehmendem Polwinkel ß, sowie ihre Abtrennung von dem radial benachbarten, mit dem Polwinkel wachsenden Bergen des Doppelreflexes (o21+12o).

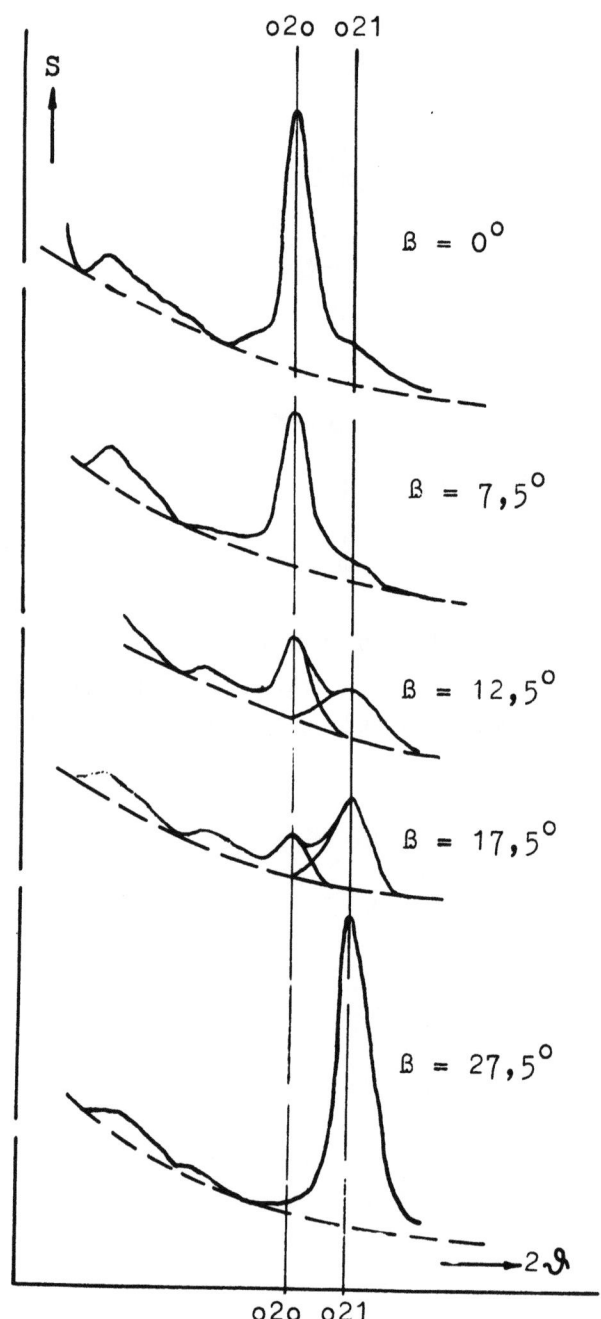

A b b i l d u n g 1o

Radiale Schwärzungskurven des II_o-Reflexes
für verschiedene Winkel ß gegen den Meridian

Danach werden die Höhen der II_o-Berge über dem Polwinkel ß aufgetragen und so die Intensitätsverteilungskurve $J(ß)$ des Reflexes II_o längs seiner Sichel erhalten, die nach dem Obigen mit den Richtungsverteilungskurven der Krystallitachsen identisch ist. Die Winkelkorrekturen der Tab. 2 können dabei außer Acht bleiben, weil die Intensitäten im allgemeinen schon bei Winkeln von 30-40° auf Null abgesunken sind.

c) Richtungsverteilungskurven

In den Abb. 11 - 14 sind 8 solche Richtungsverteilungskurven wiedergegeben, wie sie für verschiedene Kunstseiden erhalten wurden. Die Kurven sind auf die gleiche Fläche reduziert, so daß ihre Höhen und Breiten einen Eindruck von der Schärfe der Richtungsverteilung geben. Wir berechnen diese Schärfe, indem wir den Quotienten aus der Höhe und der Halbbreite der Kurve bilden und erhalten so die Tab. 3. Es ist das erste Mal, daß solche Richtungsverteilungskurven der Krystallitachsen dargestellt werden können. Sie sind in ihrer Form charakteristisch für jede Faserart.

Tabelle 3
Schärfe und Richtungsverteilung der Achsen

Faser	Höhe	Halbbreite	Schärfe
Sedura	20,25	7,20	2,82
Fiber G	22,0	7,85	2,80
Fortisan	21,0	8,30	2,53
Cupresa	17,0	10,10	1,69
Kupferreyon	17,0	10,60	1,61
Viskosereyon	17,75	12,0	1,31
Lanusa	13,0	14,0	0,93
Cuprama	12,0	14,5	0,83

Die Cupresa, sowie die Versuchsfasern aus Kupferreyon und Viskosereyon zeigen eine mittlere Schärfe, die Zellwollen Lanusa und Cuprama haben eine wesentlich unschärfere Richtungsverteilung, während die Spezialfasern Sedura, Fiber G und Fortisan sich durch eine besonders große Schärfe der Richtungsverteilung auszeichnen.

Wenn man schon die Form der Richtungsverteilungskurven durch eine einzige Zahl charakterisieren will, was sicher nur eine erste Näherung

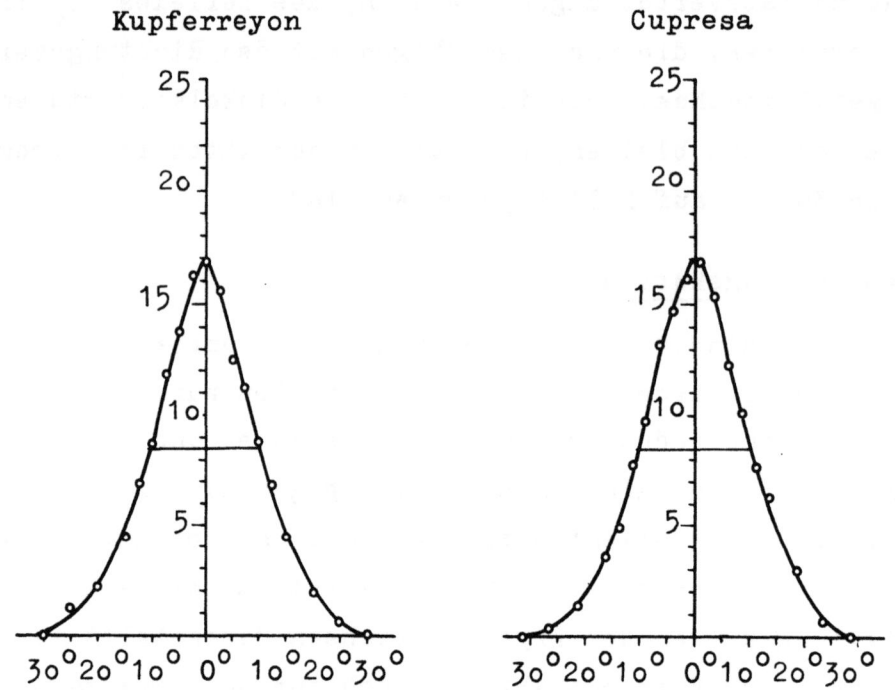

A b b i l d u n g 11

Richtungsverteilungskurven von Kupferreyon und Cupresa

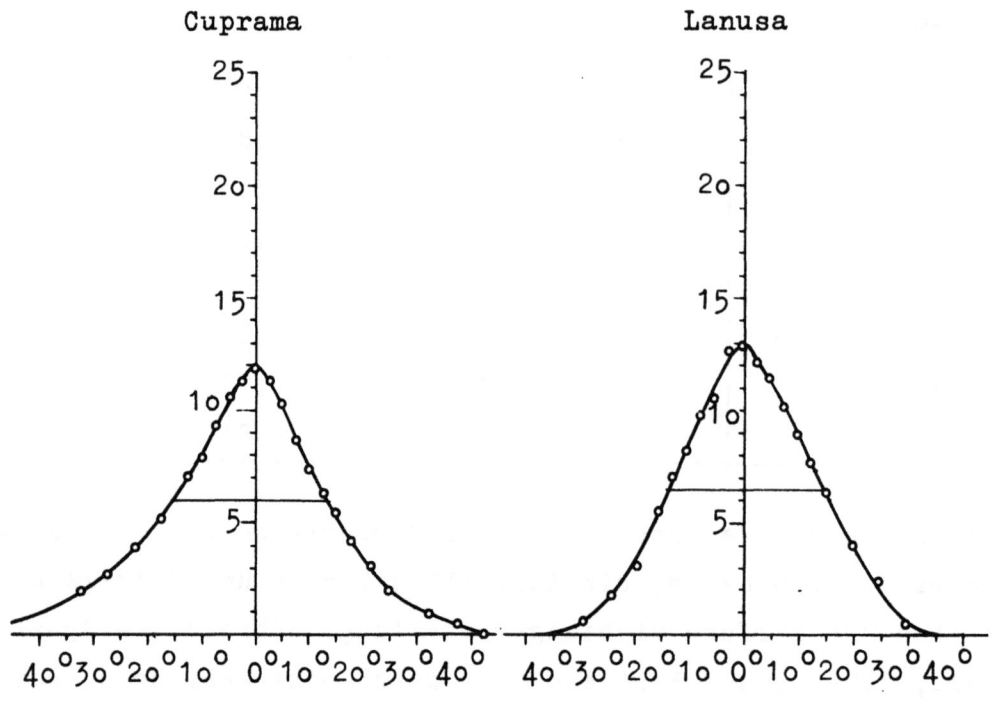

A b b i l d u n g 12

Richtungsverteilungskurven von Cuprama und Lanusa

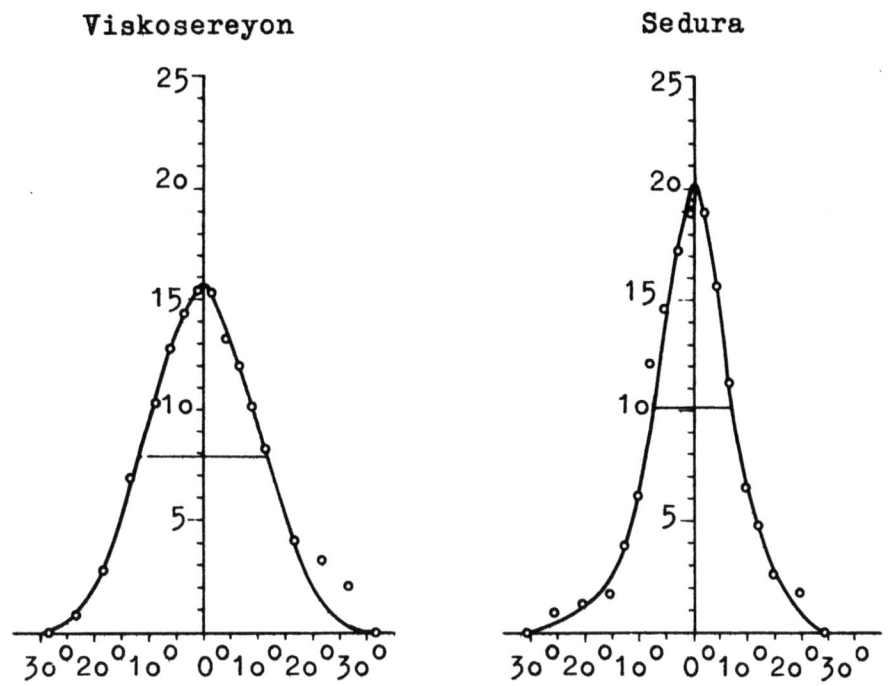

A b b i l d u n g 13

Richtungsverteilungskurven von Viskosereyon und Sedura

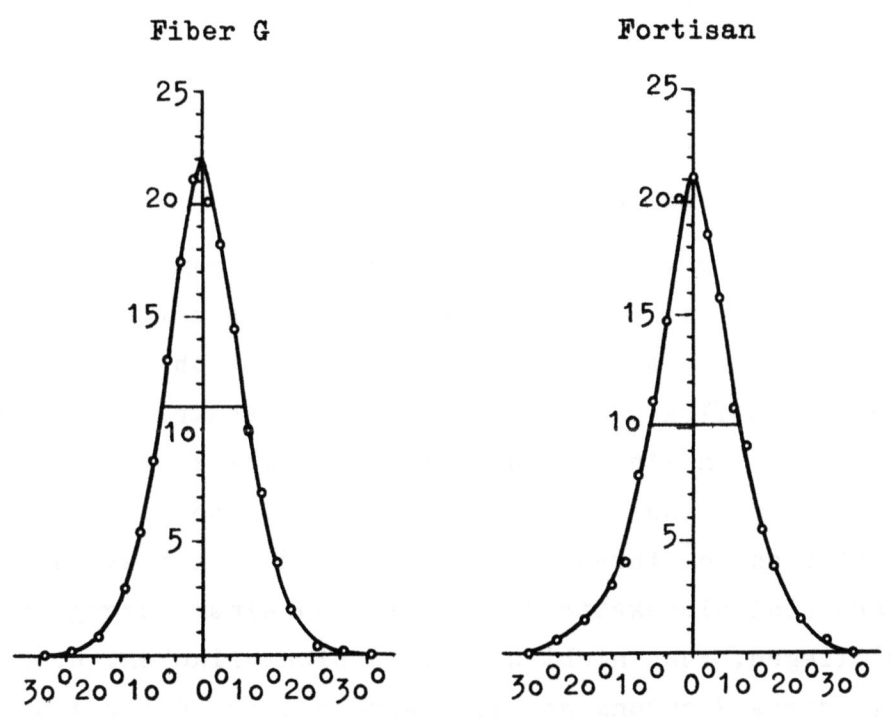

A b b i l d u n g 14

Richtungsverteilungskurven von Fiber G und Fortisan

darstellt, weil es durchaus denkbar ist, daß zwei Kurven mit gleicher
Schärfe doch noch verschiedene Formen haben, so genügt dazu an Stelle des
Quotienten aus der Höhe und der Breite (Integralbreite) auch die einfache
Halbbreite. So läßt die Tab. 3 schon erkennen, daß die Halbbreiten in
genau derselben Reihenfolge wachsen wie die Schärfen. <u>Wir begnügen uns
daher mit der Messung der azimutalen Halbbreite β_h des II_o-Reflexes und
führen ihren reziproken Wert $1/\beta_h$ als Maß für die Achsenorientierung ein.</u>

d) Schwankungsgrößen

Diesen Richtungsverteilungskurven können aber auch die Schwankungsgrößen
$\overline{\sin^2\beta}$ entnommen werden, die J.J. HERMANS, P.H. HERMANS und Mitarbeiter (6)
als Orientierungsmaß eingeführt haben. Es gilt nämlich

$$\overline{\sin^2\beta} = \frac{\int_o^{\pi/2} J(\beta) \cdot \sin^3\beta \cdot d\beta}{\int_o^{\pi/2} J(\beta) \cdot \sin\beta \cdot d\beta}$$

und weiter

$$f_x = 1 - \frac{3}{2} \cdot \overline{\sin^2\beta}$$

Diese Orientierungsgröße hat die Bedeutung des Verhältnisses der von den
krystallinen Bereichen in dem gegebenen Orientierungszustand herrührenden
Doppelbrechung zu der bei ihrer vollkommenen Ausrichtung zu erwartenden
und nimmt daher beim Fehlen jeglicher Orientierung den Wert 0, bei ideal
vollkommener Orientierung dagegen den Wert 1 an.

HERMANS und Mitarbeiter gehen selbst allerdings einen anderen Weg, um
diese Größe zu ermitteln. Sie benutzen dazu zwei Äquatorreflexe aus einer
gewöhnlichen senkrechten Aufnahme, den schon besprochenen Reflex A_o der
Fläche 1o1 und den Reflex A_3 der auf ihr nahezu senkrecht stehenden Fläche
1o$\bar{1}$. Vergleicht man, um ein anschauliches Beispiel zu wählen, die Blättchenfläche 1o1 mit der Ansichtsfläche einer Streichholzschachtel, so entsprechen die Flächen 1o$\bar{1}$ ihren Reibflächen, und es ist evident, daß die
Streichhölzchen (Zelluloseketten) erst dann zu einer vorgegebenen Richtung parallel liegen, wenn nicht nur die Ansichtsflächen, sondern auch die
Reibflächen in diese Richtung gestellt worden sind. Unter Ausnutzung der
wechselseitigen Senkrechtstellung der Krystallitachse und der Lote auf
den paratropen Flächen 1o1 und 1o$\bar{1}$ gelangten J.J. HERMANS, P.H. HERMANS

und Mitarbeiter zu einer Beziehung zwischen den Schwankungen ß der Krystallitachsen um die Faserachse und den Schwankungen α_o und α_3 der genannten Flächennormalen um die Senkrechten auf der Faserachse:

$$\overline{\sin^2}\beta = \overline{\sin^2}\alpha_o + \overline{\sin^2}\alpha_3$$

mit
$$\overline{\sin^2}\alpha = \frac{\int_o^{\pi/2} J(\alpha) \cdot \overline{\sin^2}\alpha \cdot \cos\alpha \cdot d\alpha}{\int_o^{\pi/2} J(\alpha) \cdot \cos\alpha \cdot d\alpha}$$

Auf diese Weise führt die Ausmessung zweier Äquatorreflexe ebenfalls zur Bestimmung des mittleren Schwankungsquadrates $\overline{\sin^2}\beta$ der Achsen und dem mit seiner Hilfe definierten Orientierungsfaktor f_x. Wir haben unterdessen in einer Reihe von Fällen beide Methoden, von denen wir die HERMANS'sche als die paratrope, die unsrige als die diatrope bezeichnen möchten, zur Bestimmung der Größen $\overline{\sin^2}\beta$ und f_x benutzt, und stellen diese Werte in der Tab. 4 einander gegenüber.

<u>T a b e l l e   4</u>
<u>Gegenüberstellung der nach der paratropen (HERMANS)</u>
<u>und der diatropen Methode (KAST) gemessenen Schwan-</u>
<u>kungsgrößen $\overline{\sin^2}\beta$</u>

Faserprobe	paratrop	diatrop
4 F B	o,219	o,2o9
6 F B	o,177	o,171
4 X B	o,167	o,154
1 X C	o,131	o,13o
6 X C	o,119	o,118

Die Übereinstimmung ist durchaus befriedigend und beweist die Richtigkeit und Vollständigkeit der mit unseren schiefen Aufnahmen erhaltenen Richtungsverteilungskurven.

e) Beziehung zwischen Halbbreiten und Schwankungsgrößen

Weiter können wir für einige Faserproben die von HERMANS bestimmten Schwankungsgrößen und unsere Halbbreiten einander gegenüberstellen. Dazu sind in Abb. 15 die ersteren als Ordinaten, die letzteren als Abszissen

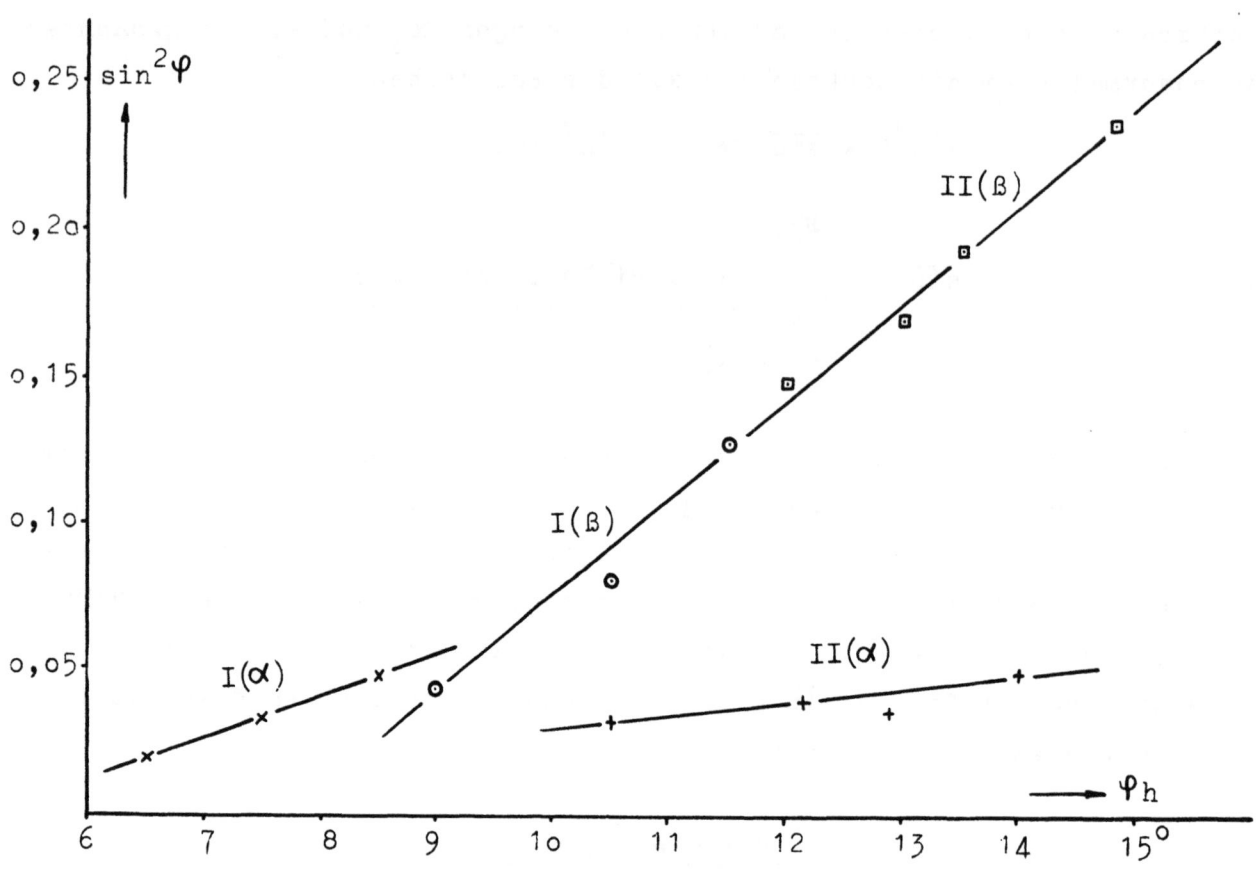

A b b i l d u n g 15

Zusammenhang zwischen den Halbbreiten φ_h und den Schwankungsgrößen $\overline{\sin}^2\varphi$ der Schwärzungsverteilungen verschiedener Röntgenreflexe, I Sedura, II Lanusa, α-Reflex A_o, ß-Reflex II_o

aufgetragen worden. Wie die Darstellung zeigt, genügt bezüglich der Achsenorientierung eine der Angaben $\overline{\sin}^2\beta$ oder β_h, um die Richtungsverteilung hinreichend zu kennzeichnen. Das zeigt der eindeutige und gleichartige Zusammenhang dieser beiden Größen selbst noch im Falle zweier so verschiedener Viskosefasern, wie der im Streckspinnverfahren in Wasser gesponnenen "Lanusa" und der nach Art der Lilienfeldseide in Schwefelsäure hoher Konzentration gefällten "Sedura" (Abb. 15). Hier entsprechen den größeren Halbbreiten durchgängig auch größere Schwankungsquadrate.

Dehnt man die Messungen aber auch auf die Orientierung der Blättchennormalen aus, so unterscheiden sich die Halbbreiten des Äquatorreflexes A_o bei beiden Fasern zwar sehr deutlich, die Schwankungsquadrate $\overline{\sin}^2\alpha_o$

aber kaum. Nun sind die Schwankungsgrößen wegen des in die Mittelwertsbildung eingehenden Produktes $J(\alpha) \cdot \sin^2\alpha$ besonders empfindlich auf den Kurvenverlauf bei Winkeln, die größer sind als der Halbwertswinkel. In Abb. 16 ist dazu der Fall dargestellt, daß 2 Verteilungskurven zwar gleiche Halbbreiten, aber verschieden breite Füße besitzen (Mitte). Auf der linken Seite finden sich die daraus abgeleiteten Kurven, wie sie zur Berechnung von $\overline{\sin^2\alpha}_o$ benötigt werden. Man sieht, daß insbesondere die Fläche unter der Kurve $J(\alpha) \cdot \cos\alpha \cdot \overline{\sin^2\alpha}$, die in den Zähler des Schwankungsquadrates $\overline{\sin^2\alpha}$ eingeht, durch die Verbreiterung des Fußes der Verteilungskurve wesentlich zugenommen hat. Dadurch hat bei gleicher Halbbreite die in ihrem Unterteil breite Kurve (b) ein um 41 % größeres Schwankungsquadrat als die Kurve (a).

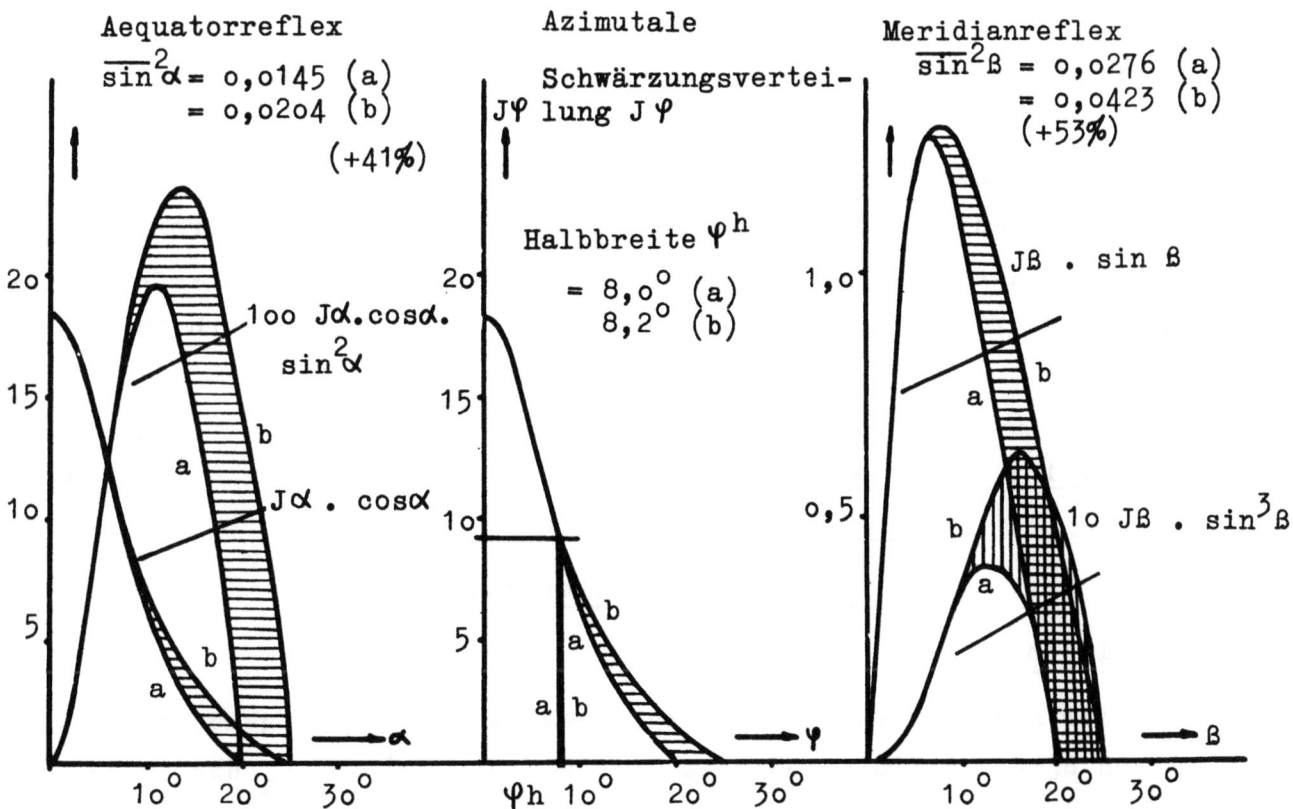

Abbildung 16

Einfluß des Auslaufes der Richtungsverteilungskurven auf die Größe der mittleren Schwankungsquadrate

Auf der rechten Seite sind dieselben Verhältnisse dargestellt, wie sie bei der Berechnung der Schwankungsgröße $\overline{\sin^2\beta}$ auftreten. Hier liefert die Kurve (b) sogar ein um 53 % größeres Schwankungsquadrat als (a). Daraus geht hervor, wie empfindlich die Schwankungsquadrate gerade für den unteren Auslauf der Richtungsverteilungskurven sind. Ebensogut ist es natürlich denkbar, daß Kurven mit gleichen Schwankungsquadraten völlig verschiedene Halbbreiten besitzen. Wenn im Falle der "Sedura" also bei kleinen Halbbreiten α_h unverhältnismäßig große Schwankungsquadrate $\overline{\sin^2\alpha_o}$ auftreten, so müssen wir daraus schließen, daß die Verteilungskurven der Blättchennormale in diesem Falle für ihre schmalen Halbwertbreiten verhältnismäßig zu breite Füße besitzen. Sie können also aus 2 Kurven mit verschiedenen Halbwertsbreiten zusammengesetzt werden, von denen die schmälere der hohen Blättchenorientierung an den schnell koagulierten und stark geschrumpften Mantel, die breitere der schwächeren Blättchenorientierung an dem bei der Verstreckung noch nicht durchkoagulierten Inneren entsprechen sollte. Jedenfalls aber spricht die Tatsache, daß bei etwa gleichem Charakter der Richtungsverteilung der Achsen die Verteilungskurven der Blättchennormalen ganz verschiedene Formen haben können gegen die KRATKY'sche Theorie, die für beide Orientierungen denselben Ansatz benutzt und für unsere Auffassung, daß es das Verhältnis von Längs- und Querkräften ist, das mit seiner Variation auch verschiedene Richtungsverteilungen der Achsen und der Blättchen hervorbringen kann.

C. Die neuen Orientierungsparameter und ihre Bedeutung

1. Die Halbbreiteparameter

a) Definitionen

Mit Hilfe der nach den vorstehend beschriebenen Verfahren gemessenen Halbbreiten β_h des Meridianreflexes II_o (Fläche 020) und α_h des Äquatorreflexes A_o (Blättchenfläche 101) können nun die Achsenorientierung selbst und dazu die Blättchenorientierung beschrieben werden. Die Orientierungsbeträge werden dabei durch die reziproken Werte $1/\alpha_h$ und $1/\beta_h$ gemessen. Zur vollständigen Kennzeichnung des Orientierungszustandes nehmen wir nun natürlich die "Achsenorientierung" $1/\beta_h$ und dazu zweckmäßigerweise das Verhältnis der beiden Halbbreiten α_h/β_h, das wir als

"Orientierungsverhältnis" bezeichnen möchten und das um so kleiner gefunden wird, je mehr statt der Achsen nur die Blättchenflächen parallel zur Faserachse gestellt sind oder - wie man auch sagen kann - je stärker die Orientierung der Blättchenflächen vor der der anderen paratropen Flächen bevorzugt wird. Dieses Orientierungsverhältnis hat, wie sich zeigen wird, besonders einfache Beziehungen zu den Fasereigenschaften, aus denen hervorgeht, daß eine möglichst nahe oder sogar über dem Werte 1 liegende Verhältniszahl angestrebt werden muß und damit ein Orientierungszustand mit möglichst wenig bevorzugter Blättcheneinstellung. Wir können das "Orientierungsverhältnis" geradezu als ein Maß für die <u>Qualität der Orientierung</u> auffassen. <u>Die Quantität der Orientierung</u> wird andererseits natürlich durch die "Achsenorientierung" $1/\beta_h$ gemessen, und wir gelangen so durch die Multiplikation der Quantitäts- und der Qualitätsgröße zu einem Gütewert der Orientierung vom Betrage α_h/β_h^2. <u>Die beiden neuen Orientierungsparameter, die wir einführen wollen, sind also das Orientierungsverhältnis α_h/β_h und die Orientierungsgüte α_h/β_h^2.</u>

b) Beziehungen zu den Fasereigenschaften

Nachdem wir diese Parameter für eine große Anzahl von Kunstfasern bestimmt haben, die uns aus verschiedenen Fabrikationen sowie aus einer Reihe von Spinnversuchen der Farbenfabriken Bayer, Dormagen, der J.P. Bemberg A.G., Wuppertal, der Badischen Anilin- und Sodafabrik, Ludwigshafen, der Versuchsfabrik Sydowsaue der Vereinigten Glanzstoff-Fabriken, der Deutschen Rhodiaceta A.G., Freiburg i.Br. und des Zelluloseforschungsinstitutes AKU in Utrecht (Holland) in entgegenkommender Weise zur Verfügung gestellt wurden, können wir die praktische Bedeutung dieser Größen folgendermaßen kennzeichnen: <u>1) Es besteht eine strenge Proportionalität zwischen unserem Orientierungsverhältnis und der Bruchdehnung der Kunstfasern.</u> Abb. 17 läßt diese Proportionalität für verschiedene nach dem Kupferverfahren hergestellte Versuchsfasern erkennen. Eine andere Reihe bilden einige verseifte Acetatstreckseiden, deren Werte in Tab. 5 zahlenmäßig dargestellt sind. Es war dabei interessant zu verfolgen, wie mit dem Ausbau des Verfahrens schrittweise größere Bruchdehnungen erhalten wurden und wie die Orientierungsverhältnisse dabei regelmäßig anstiegen. Man sieht an den kleinen Bruchdehnungen der Proben 11 und 12 wie spröde Zellulosefasern sind, wenn ihre Orientierungsverhältnisse wesentlich unter dem Wert 1 liegen.

Tabelle 5
Textile Daten und Orientierungsparameter einiger verseifter Acetatstreckseiden

Probe	Halbbreiten		Festigkeit	Dehnung	Orient. Verh.	Textil-faktor	Orient. Güte
	α_h	β_h	F g/den	D %	α_h/β_h	F·D	α_h/β_h^2
11	9,5	12,5	3,6	6,8	0,76	24,5	0,063
12	9,3	11,5	3,7	7,7	0,81	28,5	0,070
31	10,0	10,7	4,4	10,4	0,935	46,0	0,0875
32	10,35	10,5	3,2	15,8	0,985	50,5	0,094

In die Tab. 5 wurden auch die Werte für die Orientierungsgüten mit aufgenommen. Sie steigen offenbar gesetzmäßig mit den Beträgen der Textilfaktoren an, wie man das Produkt aus der spezifischen Reißfestigkeit F und der prozentualen Bruchdehnung D nennt, und das ist nicht verwunderlich, weil nicht nur die Bruchdehnung mit dem Orientierungsverhältnis

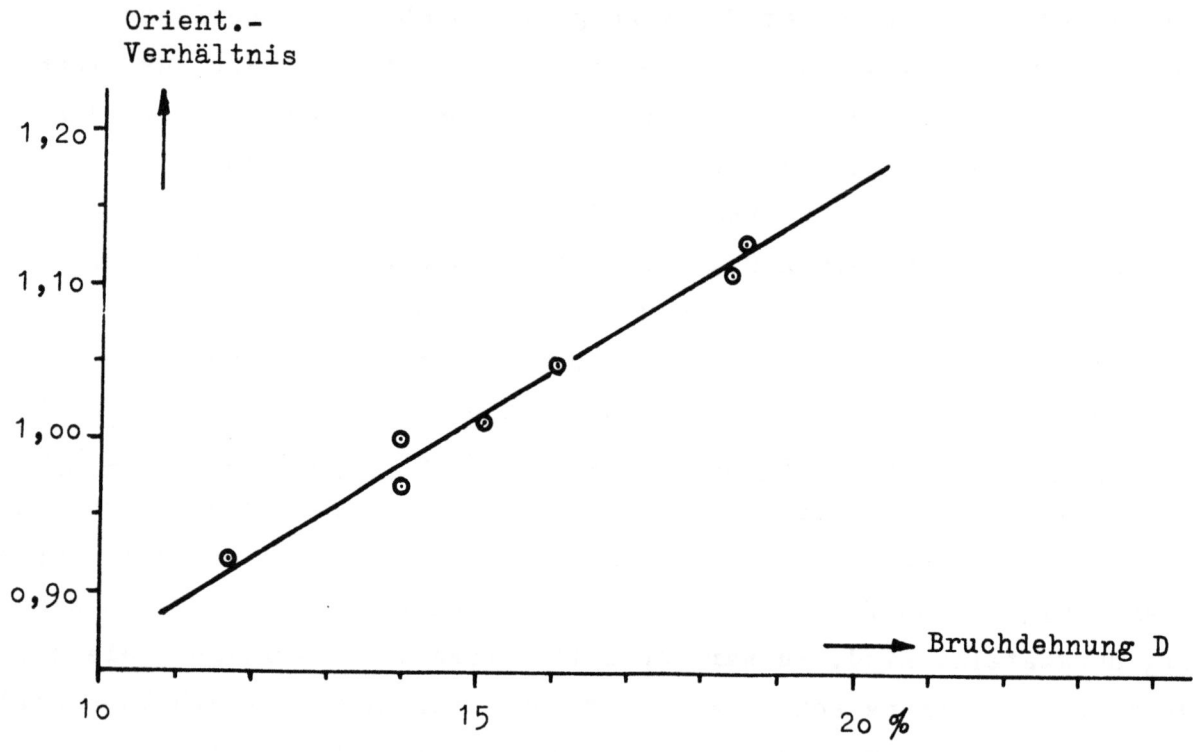

Abbildung 17

Orientierungsverhältnis und Bruchdehnung für verschiedene Kupferfasern wächst, sondern die Reißfestigkeit ihrerseits mit der Höhe der Achsenorientierung ansteigen muß. Das Produkt aus Reißfestigkeit und Bruchdehnung muß danach also unserem Produkt aus Achsenorientierung und Orientierungsverhältnis, unserer Orientierungsgüte also, entsprechen. Wir kommen damit zu der zweiten Regel: 2) <u>Es besteht ein paralleler Gang zwischen unserer Orientierungsgüte und dem Textilfaktor vergleichbarer Kunstfasern.</u>

Ein besonders eindruckvolles Beispiel für diese Parallelität bietet die Gegenüberstellung der Verläufe der Orientierungsgüte und des Textilfaktors einmal bei der Erhöhung der Zugspannung im Spinntrichter des Kupferverfahrens (Trichterstreckung) und das andere Mal bei wachsender Streckung nach dem Verlassen des Spinntrichters (Nachstreckung) (Abb. 18).

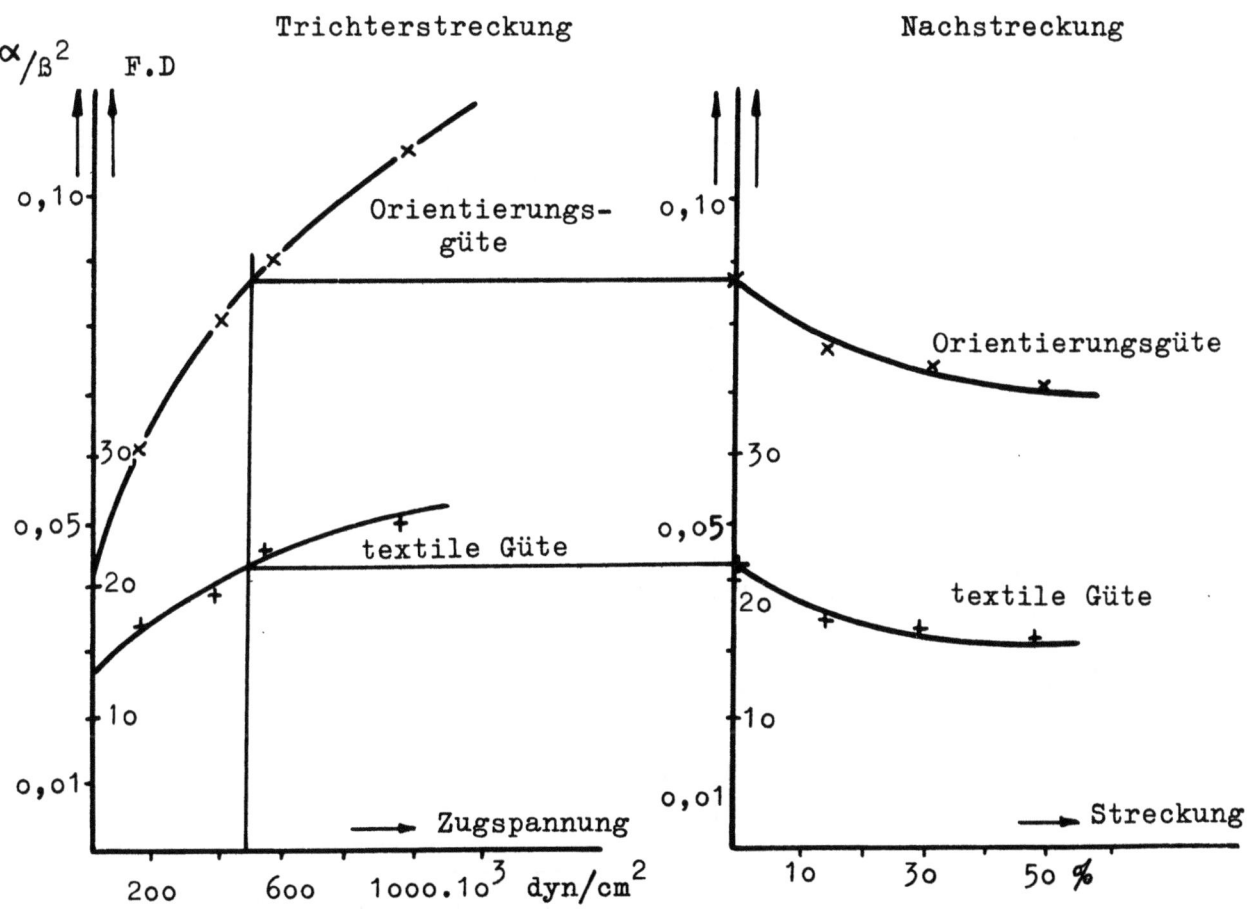

Abbildung 18

Verlauf der Orientierungsgüte und des Textilfaktors in Abhängigkeit von der Verstreckung beim Kupferverfahren
a) im Spinntrichter, b) im Blaufadenzustand

Während bei der Verstreckung im Trichter Orientierungsgüte und Textilfaktor mit wachsender Zugspannung beide in gewünschter Weise ansteigen, zeigen sie bei der Nachstreckung beide einen zunehmenden Abfall mit zunehmendem Streckbetrage. Wir werden später in anderem Zusammenhange auch noch auf der Verlauf des Orientierungsverhältnisses bei diesen Verstreckungen zurückkommen und werden sehen, daß dieses bei der Streckung im Trichter ziemlich unverändert bleibt, während es beim Nachstrecken kräftig abnimmt. Und das stimmt wieder mit der Abnahme der Bruchdehnung beim Nachstrecken überein, die so stark ist, daß der Textilfaktor, wie Abb. 18 zeigt, (trotz eines Anstieges der Festigkeit) dabei abnimmt. Dieses so verschiedene Verhalten der Orientierungsparameter bei beiden Verstreckungen ist deshalb von besonderer Bedeutung, weil es am fertigen Faden noch feststellen läßt, ob er etwa eine unerwünschte Nachstreckung in der Spinnmaschine erfahren hat. Es muß aber auch darauf hingewiesen werden, daß der Zusammenhang zwischen Orientierungsgüte und Textilfaktor nicht mehr eindeutig ist, wenn Reihen zur Untersuchung kommen, in denen die Querfestigkeit oder Scheuerfestigkeit der Fasern sich stark ändert. Ein solcher Fall ist in Abb. 19 dargestellt. Die kleine Figur links zeigt

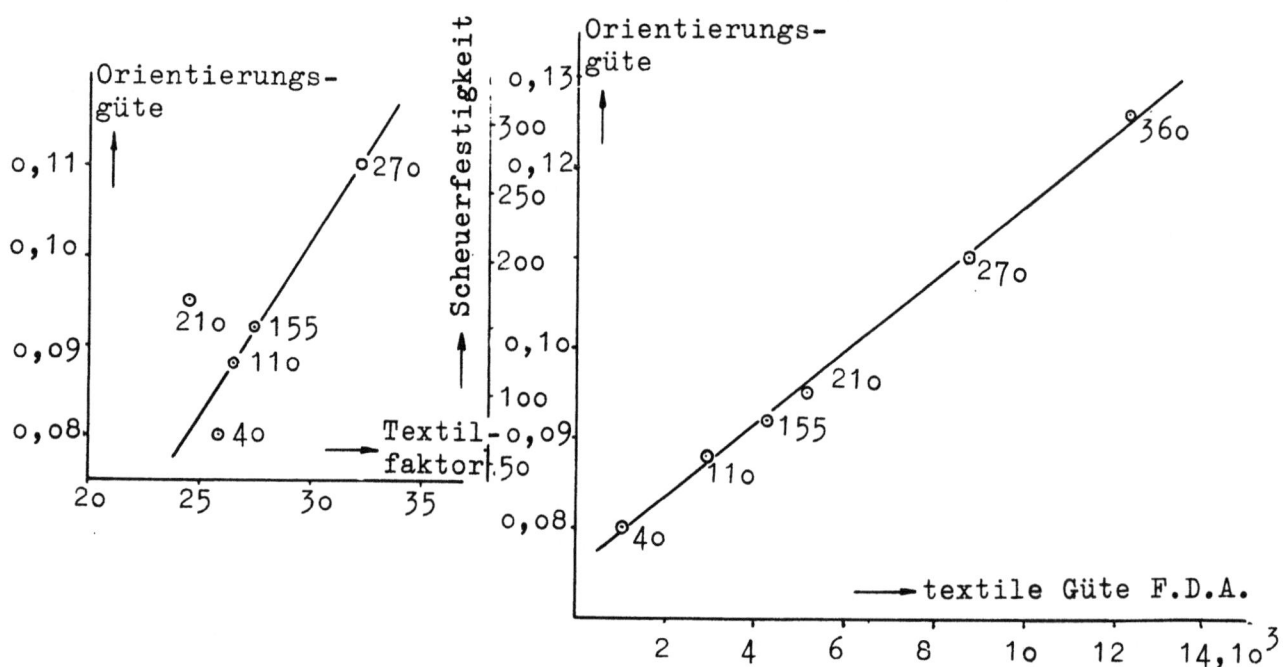

A b b i l d u n g 19

Zusammenhang zwischen der Orientierungsgüte und dem Produkt als Bruchspannung (F), Bruchdehnung (D) und Scheuerfestigkeit (A)

an den beigeschriebenen Zahlen für die Scheuerfestigkeit, daß bei großen Unterschieden dieser Zahlen die Orientierungsgüten nicht mehr die Textilfaktoren bestimmen können. Man erhält aber wieder einen streng linearen Zusammenhang mit der Orientierungsgüte, wenn man nicht nur das Produkt aus Bruchspannung und Bruchdehnung, sondern das Produkt aus den drei Größen Bruchspannung, Bruchdehnung und Anscheuerungszahl bildet. Da die Scheuerfestigkeit eine Oberflächeneigenschaft ist, muß man daraus schliessen, daß im Falle kleiner Querfestigkeiten am Rande eine stärkere Blättchenorientierung und damit ein kleineres Orientierungsverhältnis vorliegt, wodurch auch im Mittel über den Faserquerschnitt die Orientierungsgüte kleiner erscheinen kann. Wir befinden uns auch in Übereinstimmung mit MATTHES (7), wenn wir aus den drei Eigenschaften Bruchspannung, Bruchdehnung und Scheuerfestigkeit einen Gütewert für die Eignung von Fasern (textile Güte) bilden.

c) Beziehungen zum Streckvorgang

Wir konnten auch zwei Serien von Versuchsfasern untersuchen, bei deren Herstellung nach dem Kupferverfahren die Koagulationsgeschwindigkeit und damit die Streckgeschwindigkeit verändert wurde, was einmal durch Temperaturänderung des Fällwassers, das andere Mal durch chemische Beeinflussung des Austauschvorganges bei konstant gehaltener Temperatur geschah. Abb. 20 läßt für den Fall der Temperaturserie die oben besprochenen Zusammenhänge noch einmal deutlich werden.

Orientierungsverhältnis und Bruchdehnung erweisen sich beide als temperaturunabhängig, während Orientierungsgüte und Textilfaktor mit wachsender Temperatur in gleicher Weise abfallen, weil man sich durch die Temperaturerhöhung ohne Anpassung der anderen Größen, die das Spinnregime bestimmen, immer weiter von den normalen Verhältnissen entfernt. Man kann hier aber nun auch verfolgen, welche Streckgröße für die Ausbildung der Orientierungsgüte maßgebend ist. Denn mit der Temperatur verändern sich auch die Koagulationsverhältnisse und damit der Fadenzustand, sowie die Kraftverhältnisse; sie lassen sich aber nach den Arbeiten von ELSAESSER (8) über die Mechanik des Streckspinnvorganges berechnen. Zunächst verläuft mit steigender Temperatur die Verfestigung des Fadens schneller, die Verfestigungszeit nimmt also ab. Zugleich nimmt zwar auch die Größe der Verstreckung etwas ab, doch ist diese Abnahme der Verstreckung geringer als die Abnahme der Streckzeit, sodaß im ganzen mit wachsender

Temperatur eine größere Streckgeschwindigkeit, oder, reziprok gerechnet, eine kleinere Streckzeit resultiert. Gleichzeitig nimmt auch die Streckkraft ab, weil mit wachsender Temperatur die Viskosität, bei der der Faden fähig wird Kräfte aufzunehmen, zu immer höheren Fadengeschwindigkeiten heraufrückt.

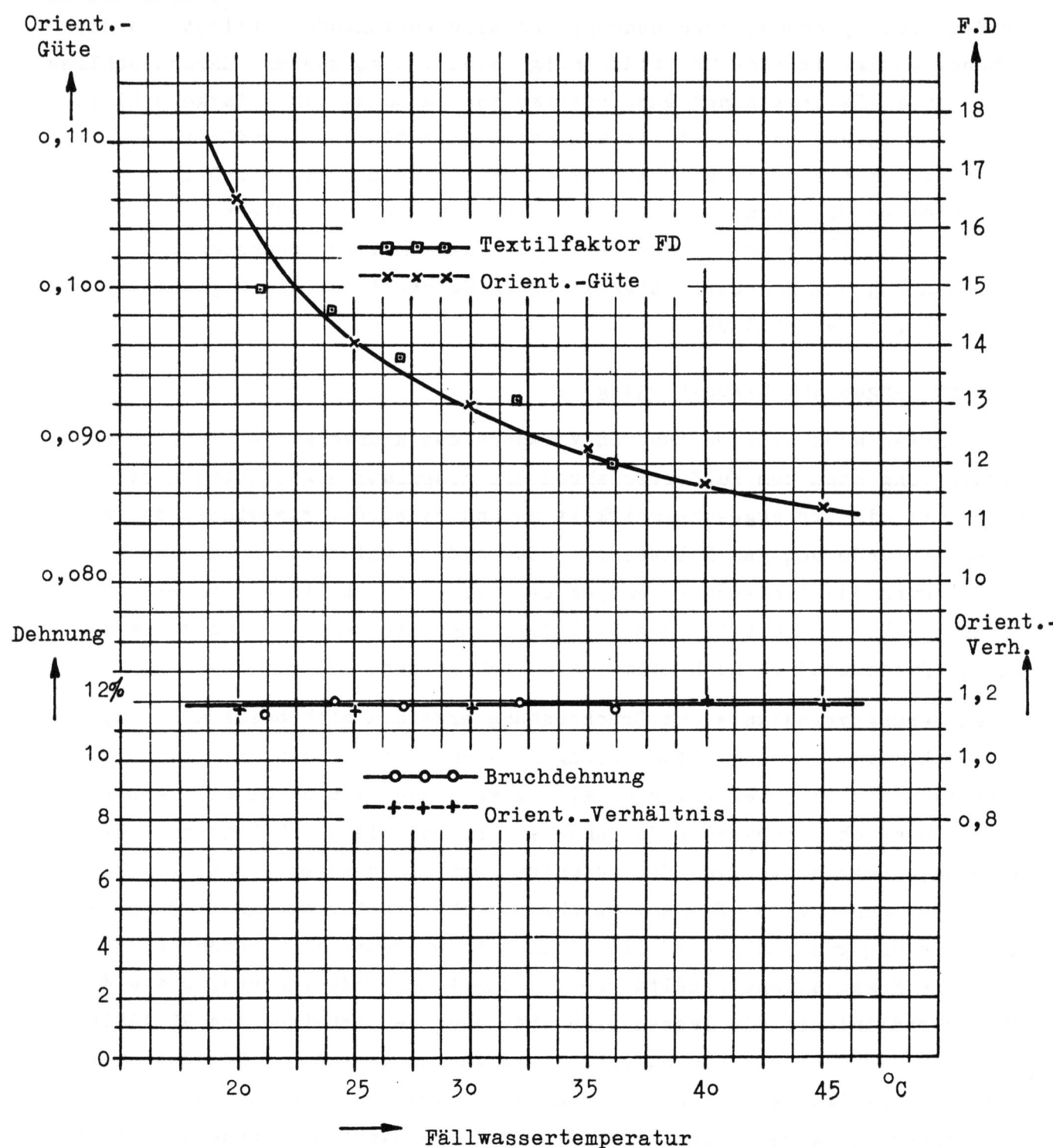

Abbildung 20

Orientierungsparameter und textile Daten bei Kupferfasern in Abhängigkeit von der Spinntemperatur

In Abb. 21 sind die nach ELSAESSER berechneten Werte der Streckkraft und der Streckzeit in Abhängigkeit von der Temperatur dargestellt. Sie zeigen beide den eben erklärten Abfall; doch verläuft dieser in beiden Fällen nicht parallel mit dem gleichfalls eingetragenen Abfall der Orientierungsgüte.

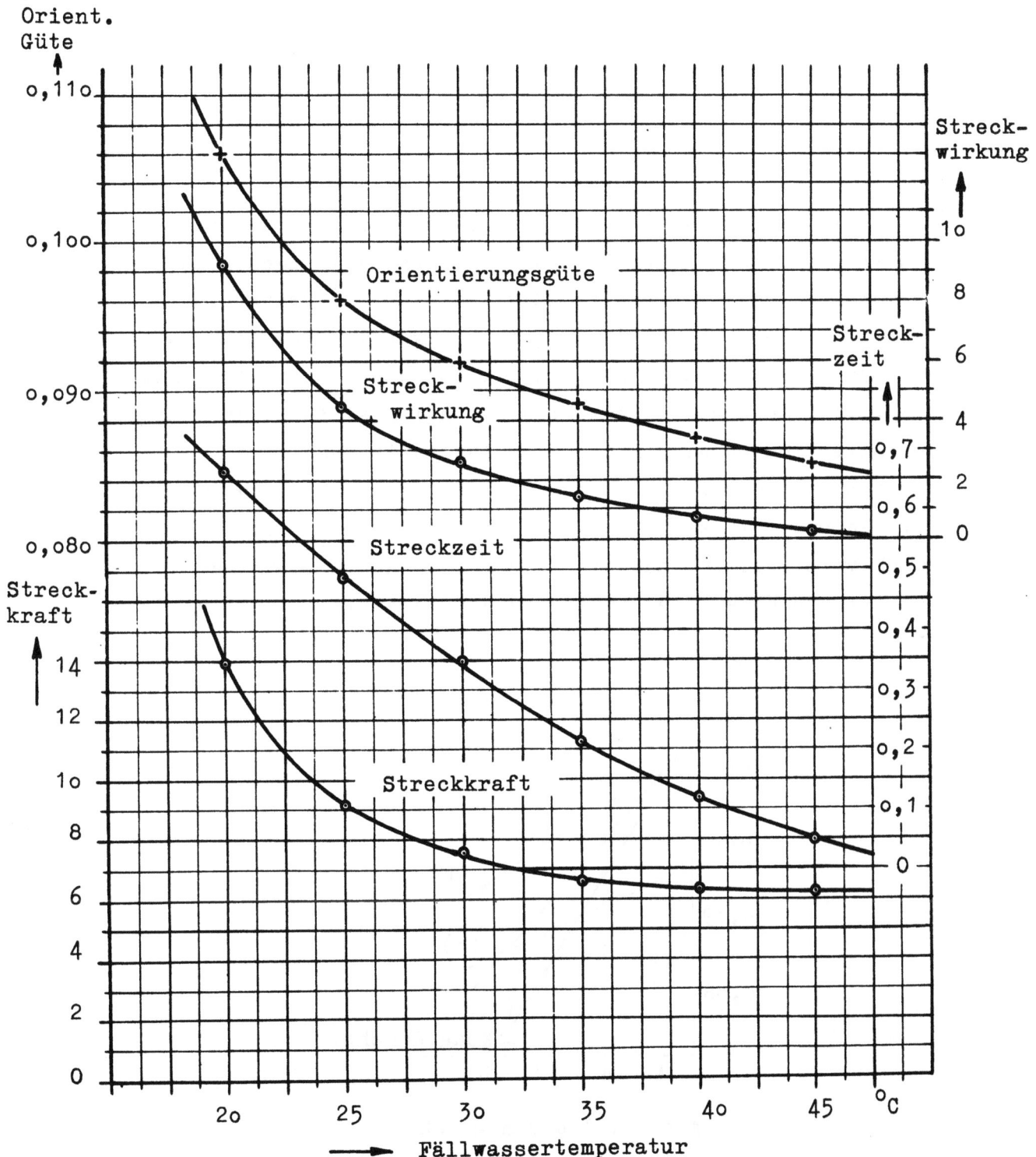

A b b i l d u n g 21

Zusammenhang zwischen den Streckgrößen und der Orientierungsgüte von Kupferfasern in Abhängigkeit von der Spinntemperatur

Bildet man jedoch das Produkt aus der Streckkraft und der Streckzeit, das wir als Streckwirkung bezeichnen möchten, so wird in Abhängigkeit von der Temperatur eine Kurve erhalten, die der Kurve der Orientierungsgüte völlig parallel läuft. Man muß daraus entnehmen, daß es für die Erzielung einer hohen Orientierungsgüte wichtig ist, Streckkraft und Streckzeit beide groß zu machen, d.h. also eine kräftige Verstreckung langsam durchzuführen. Wir kommen auf diese Verhältnisse später noch einmal zurück.

Bei den chemischen Versuchen zur Beeinflussung der Koagulationsgeschwindigkeit konnten am mikroskopischen Faserbild vier Stufen festgelegt werden, die in der Reihenfolge A, B, C und D wachsenden Koagulationsgeschwindigkeiten entsprechen. Sie sind in Abb. 22 von links nach rechts auf der Abszisse aufgetragen worden. Als Ordinaten sind die gemessenen Orientierungsverhältnisse und Orientierungsgüten aufgesetzt worden. Diesmal fallen die Orientierungsparameter beide mit steigender Koagulationsgeschwindigkeit ab, also auch das Orientierungsverhältnis. Auf dieses unterschiedliche Verhalten kommen wir im nächsten Abschnitt noch zurück. Die Orientierungsgüten sind dabei unabhängig von der Fadenzahl, während die Orientierungsgüten umso stärker abfallen, je höher die Fadenzahl ist. Und es ist ja auch verständlich, daß die Störung des Austauschvorganges umso wirksamer ist, je höher die Dichte des Fadenbündels gewählt wurde.

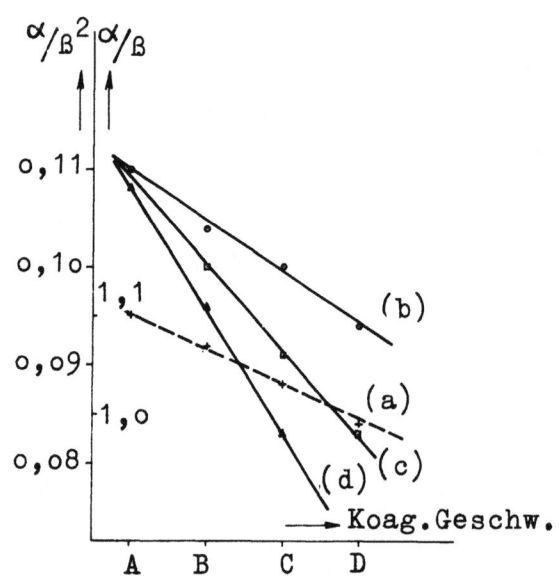

Abbildung 22

Einfluß der Koagulationsgeschwindigkeit auf das Orientierungsverhältnis (a, Mittelwerte) und die Orientierungsgüte (b, 45.1,33 = 60 den; c, 60.1,33 = 80 den; d, 90.1,33 = 120 den)

d) Berechnung der Halbbreiteparameter in Abhängigkeit von der Verstreckung für die KRATKY'schen Fälle der Stäbchen und Blättchen

Wir unternehmen nun eine Berechnung unserer Orientierungsparameter, Orientierungsverhältnis und Orientierungsgüte, nach den theoretischen Ansätzen von KRATKY (3) für den Stäbchenfall sowohl wie für den Blättchenfall, um das stäbchenartige oder blättchenartige Verhalten der krystallinen Gebiete eines Zellulosegels bei der Verstreckung unter verschiedenen Bedingungen prüfen zu können. Nach der Theorie der affinen Deformation von KRATKY gilt für die Intensitätsverteilung $J(\beta)$ längs der Sichel des diatropen Reflexes II_o in Abhängigkeit von der Verstreckung v, die durch das Verhältnis von Ausgangslänge und Endlänge gemessen wird, die Beziehung

$$J(\beta) \text{ prop. } \frac{v^3}{\left[1 + (v^3 - 1) \cdot \sin^2 \beta\right]^{3/2}}$$

Daraus kann nun der Gang der Halbbreite β_h mit der Verstreckung berechnet werden. Aus dem Maximalwert

$$J(\beta)_{\beta = 0} = v^3$$

folgt der halbe Wert

$$J(\beta)_{\beta = \beta_h} = \frac{1}{2} \cdot v^3$$

und daraus

$$\beta_h = \arcsin \frac{\sqrt[3]{4} - 1}{v^3 - 1}$$

Für die Berechnung der Intensitätsverteilung im Äquatorreflex A_o unterscheidet KRATKY zwei Fälle:

Wirkt die affine Deformation der Umgebung allein auf die Achsen der krystallinen Bereiche, können diese also als zylindrische Stäbchen betrachtet werden, kenntlich - wie wir schon oben sahen - daran, daß sämtliche Äquatorreflexe übereinstimmende Schwärzungsverteilungen besitzen, so wird die Intensitätsverteilung unter Berücksichtigung jeder möglichen Verdrehung der Gitterbereiche um ihre Achsen durch das Integral

$$J(\alpha) \text{ prop. } \int_{\alpha}^{\pi/2} \frac{J(\varphi) \cdot \sin \varphi \cdot d\varphi}{\sqrt{\sin^2 \varphi - \sin^2 \alpha}}$$

erhalten, wobei der Winkel α vom Äquator aus gezählt wird. Unter Einsetzung des obigen Ausdrucks für die Richtungsverteilung $J(\varphi)$ der Achsen geht das in ein elliptisches Integral über, das numerisch ausgewertet werden kann. KRATKY (1) hat in seiner Arbeit die Intensitätskurven $J(\alpha)$ für verschiedene Verstreckungen wiedergegeben, denen die Halbbreiten α_h entnommen werden können. Danach lassen sich dann in Verbindung mit der schon oben angegebenen Formel für den Zusammenhang zwischen der Halbbreite β_h und der Verstreckung v auch die jeweiligen Werte des Orientierungsverhältnisses und der Orientierungsgüte berechnen. Für den zweiten dadurch gekennzeichneten Fall, daß die Schwärzungsverteilung längs der Sichel des Äquatorreflexes A_o weniger breit ist als bei den Reflexen A_3 oder A_4, sodaß die krystallinen Bereiche als <u>Blättchen</u> angesehen werden müssen mit der zu A_o gehörigen Fläche (1o1) als Blättchenfläche, macht die KRATKY'sche Theorie der Blättchenorientierung nun eine Annahme, die ebenfalls zu einer bestimmten Beziehung zwischen den Halbbreiten α_h und β_h führt. Danach soll die affine Deformation der Umgebung in gleicher Weise wie auf die Achsen der krystallinen Bereiche auch auf die Normalen ihrer Blättchenflächen einwirken, was zur Folge hat, daß die Intensitätskurve des Äquatorreflexes A_o mit der des Meridianreflexes II_o übereinstimmt. Die Theorie der Blättchenorientierung verlangt also

$$J(\alpha_o) = J(\beta)$$

(wobei aber α_o vom Äquator aus und β vom Meridian aus gemessen wird) und infolgedessen

$$\alpha_h = \beta_h, \quad \alpha_h/\beta_h = \text{const} = 1, \quad \alpha_h/\beta_h^2 = 1/\beta_h = 1/\alpha_h.$$

Das Ergebnis der auf diesem Wege durchgeführten Berechnungen der Halbbreiteparameter ist in der Tabelle 6 dargestellt.

Für den Blättchenfall gilt:

$$\alpha_h = \beta_h, \quad \alpha_h/\beta_h = \text{const} = 1, \quad \alpha_h/\beta_h^2 = 1/\beta_h.$$

e) Vergleich mit der Erfahrung

Wir vergleichen die berechneten Werte nun mit unseren Messungen an den Streckvorgängen bei Chemiekupferseide und Viskosekunstseide und beginnen mit dem <u>nassen Streckspinnvorgang</u> der ersteren.

Hier ist offenbar der Vergleich mit dem Stäbchenfall angebracht. Denn wenn die für den Stäbchenfall berechneten Orientierungsbeträge beide einen linearen Anstieg zeigen, wobei der Betrag der Achsenorientierung

$1/\beta_h$ stets über dem der Blättchenorientierung $1/\alpha_h$ liegt, so wird dieser lineare Anstieg durch die experimentellen Kurven (Meßpunkte) bestätigt und dabei entspricht auch die höhere Lage der Geraden für die Achsenorientierung $1/\beta_h$ und ihr etwas tieferer Verlauf im Vergleich zu dem der Blättchenorientierung $1/\alpha_h$ der Theorie der Stäbchenorientierung bei affiner Verzerrung des Raumes.

Tabelle 6
Für KRATKY's Stäbchenfall berechnete Halbbreiteparameter in Abhängigkeit von der Verstreckung

Verstrekkung v	Halbbreiten		Orientierungsbeträge		Orientierungs-Verh.	Güte
	α_h	β_h	$1/\alpha_h$	$1/\beta_h$	α/β	α/β^2
1,0	-	-	-	-	-	-
1,17	-	86,4	-	0,0116	-	-
1,25	90	51,7	0,011	0,0194	1,75	0,034
1,5	45,5	29,8	0,022	0,0336	1,52	0,051
1,75	31	21,6	0,032	0,0463	1,45	0,067
2,0	24,5	16,8	0,041	0,0594	1,45	0,086
2,5	16	11,5	0,062	0,0866	1,40	0,120
3,0	12	8,64	0,084	0,116	1,36	0,158
4,0	7,2	5,54	0,140	0,181	1,29	0,235
5,0	4,9	3,95	0,205	0,254	1,24	0,313

Wenn die berechneten Kurven dabei merklich tiefer liegen als die gemessenen, so ist das ein allgemeiner Zug der KRATKY'schen Theorie, auf den auch HERMANS (9) kürzlich hingewiesen hat. Dazu kommt möglicherweise auch eine Unsicherheit in der Skala der Verstreckung. Auf Grund früherer Orientierungsmessungen des Verf. (10) an Chemiekupferseide und Viskosekunstseide und mangels direkter Meßmöglichkeiten ist hier eine Zugspannung von $100 \cdot 10^3$ dyn/cm^2 einer "inneren" Verstreckung von 10 % gleichgesetzt worden. Möglicherweise ist auch die Abweichung der beiden höchsten Meßpunkte für $1/\alpha_h$ und $1/\beta_h$ von der Geraden auf diese grobe Interpolation zurückzuführen. Vergleicht man aber auch die gemessenen und berechneten Werte der Orientierungsparameter (rechte Seite der Abb. 23), so erkennt man einen recht angenähert parallelen Gang der berechneten

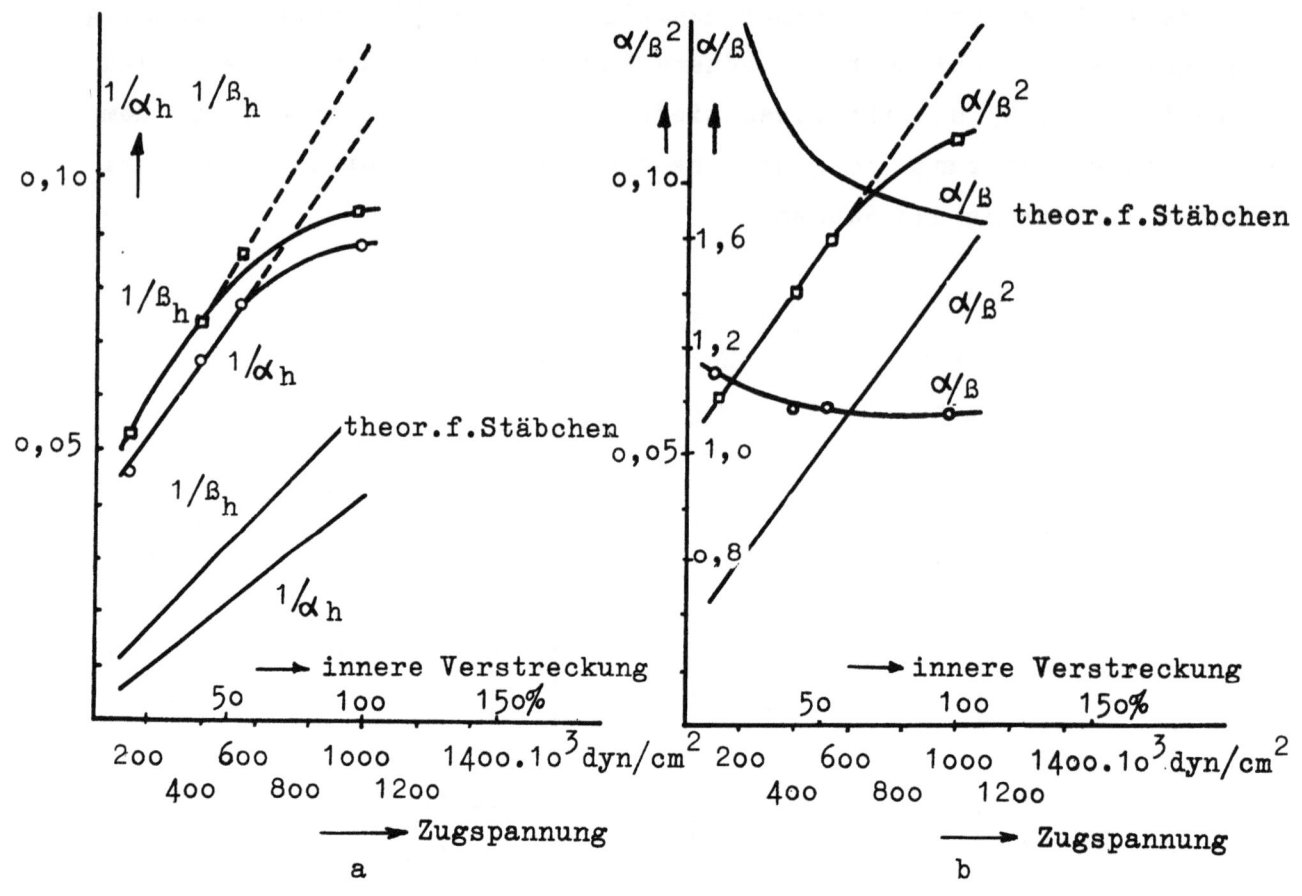

A b b i l d u n g 23
Orientierungsbeträge (a) und Orientierungsparameter (b)
nach Messungen am Streckspinnprozeß der Chemiekupferseide
und nach KRATKY's Theorie der Stäbchenorientierung

und beobachteten Werte auch für das Orientierungsverhältnis und die Orientierungsgüte. So darf man also wohl eine qualitative Übereinstimmung feststellen und daraus schließen, daß bei der Streckung der Chemiekupferseide im Spinntrichter Verhältnisse vorliegen, die dem KRATKY'schen Stäbchenfall in etwa entsprechen, dem Fall also - wie wir es allgemeiner ausdrücken können - daß die Streckkräfte allein auf die Achsen der krystallinen Bereiche einwirken.

Anders ist dagegen die Sachlage beim Streckprozeß der Viskosekunstseide. Deshalb wurden in diesem Falle in Abb. 24 die nach KRATKY's Theorie der Orientierung von Blättchen berechneten Parameter zum Vergleich herangezogen. In diesem Blättchenfall müßte dem eben betrachteten Stäbchenfall

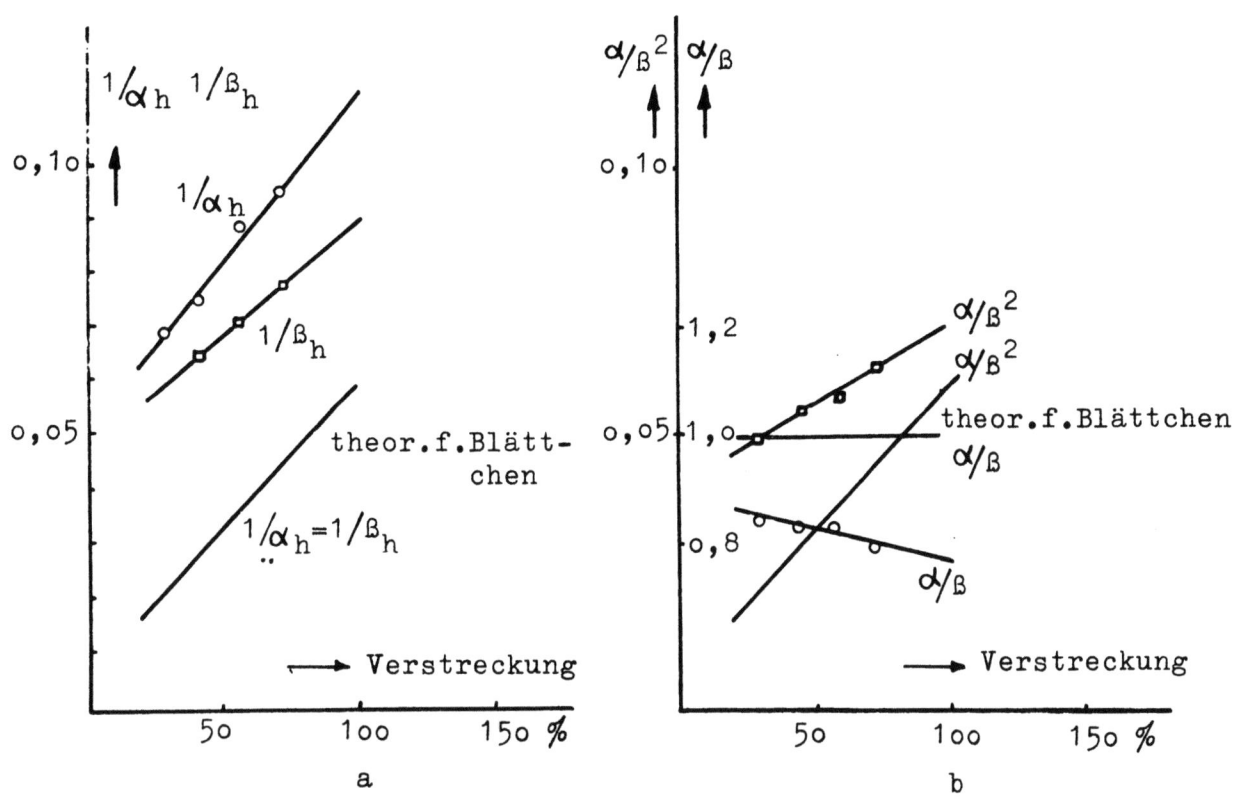

A b b i l d u n g 24
Orientierungsbeträge (a) und Orientierungsparameter (b)
nach Messungen am Spinnprozeß der Viskosekunstseide und
nach der Theorie der Blättchenorientierung von KRATKY

gegenüber die Gerade für die Blättchenorientierung $1/\alpha_h$ bis zur Deckung mit der Achsenorientierung $1/\beta_h$ gehoben sein. Sie findet sich aber sogar oberhalb dieser. Die Wirkung der orientierenden Kräfte auf die Blättchenfläche der krystallinen Bereiche ist also sogar größer als die auf deren Achsen. Infolgedessen ist auch das Orientierungsverhältnis α_h/β_h, das theoretisch konstant gleich 1 sein sollte, von vornherein kleiner als 1 und sinkt wegen der geringen Steilheit der Geraden für die Achsenorientierung $1/\beta_h$ im Vergleich zu der der Blättchenorientierung $1/\alpha_h$ mit fortschreitender Verstreckung weiter ab; und aus demselben Grunde steigt die Orientierungsgüte weniger steil an als berechnet. In diesem Falle liegen also Verhältnisse vor, wie sie dem KRATKY'schen Blättchenfall nicht nur entsprechen, sondern bezüglich der Bevorzugung der Blättcheneinstellung sogar noch darüber hinausgehen. Man kann sagen, daß die Blättchenorientierung dem Stäbchenfall gegenüber in der erwarteten Weise zugenommen hat, daß die Achsenorientierung dabei aber nicht unverändert geblieben, sondern merklich schwächer geworden ist.

Ein weiterer Schritt in dieser Richtung findet sich dann bei den Messungen am Nachstreckvorgang der Chemiekupferseide nach dem Verlassen des Trichters im Blaufadenzustand, bei dem mit wachsender Verstreckung kein Ansteigen der Achsenorientierung mehr, sondern nur noch ein Ansteigen der Blättchenorientierung gefunden wird. Das kommt in der vorstehenden Abb. 18 insofern zum Ausdruck als die Orientierungsgüte, anstatt nach KRATKY's Theorie der Blättchenorientierung mit wachsender Verstreckung anzusteigen, sogar absinkt.

Es gibt also offenbar ein verschieden stark ausgeprägtes Blättchenverhalten. Beim Streckspinnvorgang der Chemiekupferseide fehlt es völlig; beim Spinnvorgang der Viskosekunstseide ist es ähnlich, aber schon etwas deutlicher ausgeprägt als nach KRATKY's Theorie und bei der Nachstreckung der Chemiekupferseide außerhalb des Trichters tritt es in vielmals stärkerer Form auf. Ebenso wie es nun gekünstelt erscheint, den krystallinen Bereichen bei der Verstreckung im Spinntrichter des Kupferverfahrens Stäbchenform, bei der Nachstreckung aber Blättchenform zuzuschreiben oder auch anzunehmen, daß beim Ausfällen der Cuoxamlösung stäbchenförmige und beim Ausfällen der Xanthogenatlösung blättchenförmige krystalline Bereiche entstehen würden, so leicht klären sich die Verhältnisse, wenn man in allen Fällen blättchenförmige Teilchen annimmt. Die Frage, ob diese Form in Erscheinung tritt oder nicht, muß dann mit dem Kräftespiel der Vernetzung des Gels in Zusammenhang gebracht werden, wie wir das oben bereits vorgeschlagen haben. Danach stellt sich der Sachverhalt so dar, daß bei der Verstreckung der Chemiekupferseide im Trichter keine Querkräfte auftreten, daß also dem frühen Koagulationszustand, in dem ihre Verstreckung erfolgt, und der geringen Packungsdichte entsprechend keine Vernetzung zu bemerken ist, während in dem späteren Zustand, in dem die Viskosekunstseide verstreckt wird und erst recht bei der Verstreckung der Chemiekupferseide nach vollendeter Koagulation im Blaufadenzustand wachsende Vernetzungen vorliegen und zu wachsenden Querkräften auf die Blättchenflächen Anlaß geben.

2. Schwankungsparameter

a) Definitionen

In ähnlicher Weise läßt sich nun auch die Methode der Schwankungsquadrate von HERMANS (6) zu einer vollständigen Beschreibung des Orientierungszustandes erweitern, wenn man außer dem Orientierungsfaktor f_x, der ja richtig die Achsenorientierung beschreibt, einen zweiten Parameter dazu nimmt. Die Methode liefert, wie oben bereits erwähnt wurde, die Schwankungsquadrate $\overline{\sin^2\alpha_o}$ und $\overline{\sin^2\alpha_3}$ der Lote auf der Blättchenfläche 1o1 und der dazu etwa senkrechten Seitenfläche 1o$\bar{1}$ um die Richtung des Faserradius. Aus der Summe dieser beiden Größen folgt dann der Schwankungsbetrag $\sin^2\beta$ der Achsen der krystallinen Bereiche um die Faserachse. Mit der Ausmessung zweier paratroper Reflexe erfüllt die HERMANS'sche Methode aber schon die Voraussetzungen für eine vollständige Beschreibung des Orientierungszustandes, wie wir ja ebenfalls mit zwei Reflexen, in unserem Falle aber einem Äquatorreflex und einem Meridianreflex, operieren. Es ist daher möglich, auch mit der HERMANS'schen Methode einen zweiten Parameter zu gewinnen. Wir überlegen leicht, daß im Stäbchenfall, wenn die Richtungsverteilungskurven beider Äquatorreflexe identisch sind, auch ihre Schwankungsquadrate übereinstimmen. In diesem Fall gilt dann

$$f_x = \overline{\sin^2\alpha_o} + \overline{\sin^2\alpha_3} = 2 \cdot \overline{\sin^2\alpha_o},$$

und es genügt somit ein Parameter, um den Orientierungszustand vollständig zu charakterisieren. Sobald aber im Blättchenfall die Schwankungen $\overline{\sin^2\alpha_o}$ und $\overline{\sin^2\alpha_3}$ verschieden ausfallen, die eine Fläche also schneller orientiert wird als die andere, dann können verschiedene Wertepaare zum selben Orientierungsfaktor f_x führen, wenn nur ihre Summe dieselbe ist. In diesem Falle aber drängt sich in Analogie zu der Einführung des "Orientierungsverhältnisses" bei unseren Halbbreiteparametern, hier die Bildung des

$$\text{"paratropen Verhältnisses" } P_v = \frac{\overline{\sin^2\alpha_o}}{\overline{\sin^2\alpha_3}}$$

auf, des Verhältnisses also der Schwankungsquadrate der beiden paratropen Flächen A_o (Blättchenfläche) und A_3 (Seitenfläche). Es hat wie gesagt den Wert 1 im Stäbchenfall, wenn die Schwankungsgrößen beider Flächen übereinstimmen, also keine von ihnen bevorzugt ist. Im Blättchenfall dagegen ist es kleiner als 1. Ebensogut kann das paratrope Verhältnis aber auch bestimmt werden, wenn - wie wir es tun - auf dem Äquator nur der Reflex A_o und dazu der Meridianreflex II_o ausgemessen wird. Man schreibt dann

$$P_v = \frac{\overline{\sin^2\alpha_o}}{\overline{\sin^2\beta} - \overline{\sin^2\alpha_o}}$$

und bestimmt $\overline{\sin^2\beta}$ aus dem Meridianreflex, wie oben angegeben wurde.

b) <u>Berechnung der $\overline{\sin^2}$-Parameter in Abhängigkeit von Verstreckung für die KRATKY'schen Fälle der Stäbchen und Blättchen</u>

Bevor wir auf die experimentellen Feststellungen über die charakteristischen Werte von f_x und P_v bei verschiedenen Orientierungszuständen eingehen, soll durch die Berechnung ihrer Größen nach den KRATKY'schen Theorien auch hier der Vergleich mit dem Blättchenfall und dem Stäbchenfall ermöglicht werden. Die Integration der KRATKY'schen Formel für den Zusammenhang der Richtungsverteilungskurve der Achsen $J(\beta)$ mit der Verstreckung v liefert auch die Schwankungsgröße $\overline{\sin^2\beta}$ in Abhängigkeit von der Verstreckung. Die Lösung findet sich schon bei KUHN und GRÜN (11) in ihren Arbeiten über Kautschuk. Sie lautet:

$$\overline{\sin^2\beta} = 1 - \frac{v^3}{v^3-1} + \frac{v^3}{2(v^3-1)^{3/2}} \cdot \text{arc tg}(v^3-1)^{1/2}$$

Danach berechnet sich der Orientierungsfaktor f_x als Funktion der Verstreckung zu

$$f_x = \frac{2v^3+1}{2(v^3-1)} - \frac{3v^3}{2(v^3-1)^{3/2}} \cdot \text{arc tg}(v^3-1)^{1/2}$$

Im Stäbchenfalle folgt aus $\overline{\sin^2\beta}$ sogleich auch $\overline{\sin^2\alpha_o}$ nach der oben schon benutzten Beziehung $\overline{\sin^2\beta} = 2 \cdot \overline{\sin^2\alpha_o}$. Gleichzeitig ist das paratrope Verhältnis $P_v = 1$. Für die Berechnung von $\overline{\sin^2\alpha_o}$ für den KRATKY'schen Blättchenfall dagegen ist die Auflösung neuer Integrale erforderlich. Dabei fanden wir

$$\overline{\sin^2\alpha_o} = \frac{1-\ln\left[v^{3/2}-(v^3-1)^{1/2}\right] - \dfrac{2}{1+\left[v^{3/2}-(v^3-1)^{1/2}\right]^2}}{\dfrac{v^3-1}{v^{3/2}\left[v^{3/2}-(v^3-1)^{1/2}\right]} - (v^3-1)}$$

Daraus ergibt sich dann auch $\overline{\sin^2\alpha_3}$ mit Hilfe der Beziehung

$$\overline{\sin^2\alpha_3} = \overline{\sin^2\beta} - \overline{\sin^2\alpha_0}$$

sowie das paratrope Verhältnis

$$P_v = \frac{\overline{\sin^2\alpha_0}}{\overline{\sin^2\alpha_3}} < 1$$

In der Tab. 7 sind die nach KRATKY's Theorie für den Blättchenfall berechneten $\overline{\sin^2}$-Parameter zusammengestellt.

Tabelle 7

Für KRATKY's Blättchenfall berechnete $\overline{\sin^2}$-Parameter in Abhängigkeit von der Verstreckung

Verstreckung v	$\overline{\sin^2\beta}$	Orient. faktor f_x	$\overline{\sin^2\alpha_0}$	$\overline{\sin^2\alpha_3}$	paratropes Verhältnis P_v
1,00	0,6667	0,0000	0,3333	0,3333	1,0000
1,15	0,6102	0,0847	0,2791	0,3311	0,8429
1,30	0,5574	0,1639	0,2357	0,3217	0,7327
1,50	0,4974	0,2533	0,1899	0,3079	0,6168
2,00	0,3796	0,4306	0,1168	0,2629	0,4443
3,00	0,2419	0,6372	0,0530	0,1889	0,2806
4,00	0,1691	0,7464	0,0284	0,1407	0,2019
5,00	0,1260	0,8110	0,0171	0,1089	0,1570
7,00	0,0796	0,8806	0,0077	0,0719	0,1067
10,00	0,0478	0,9283	0,0032	0,0446	0,0717

Für den Stäbchenfall gilt:

$$\overline{\sin^2\alpha_0} = \overline{\sin^2\alpha_3} = \frac{1}{2} \cdot \overline{\sin^2\beta}, \quad P_v = \text{const} = 1$$

c) Vergleich mit der Erfahrung

Wir diskutieren nun neueres experimentelles Material von HERMANS (9) aus dem Zellulose-Forschungsinstitut der AKU in Utrecht (Holland), dem wir durch Einführung des paratropen Verhältnisses P_v als zweiten Parameter neben dem Orientierungsfaktor f_x und durch Gegenüberstellung mit den nach KRATKY'schen Theorien berechneten Werten dieser Größen neue Gesichtspunkte abgewinnen konnten.

Schon bei der Auftragung des Orientierungsfaktors f_x gegen den äquivalenten Streckungsgrad v_a konnte HERMANS Einflüsse der Zellulosekonzentration und des Quellungszustandes auf den Orientierungsverlauf nachweisen, die von den theoretischen Ansätzen von KRATKY nicht gegeben werden.

In der linken Hälfte der Abb. 25 ist ein Teil dieses Materials reproduziert. Zum Vergleich ist auch der nach KRATKY berechnete Orientierungsfaktor eingezeichnet (wobei sich ebenso wie bei unserem Orientierungsbetrag $1/ß_h$ eine gemeinsame Kurve für Stäbchen und für Blättchen ergibt).

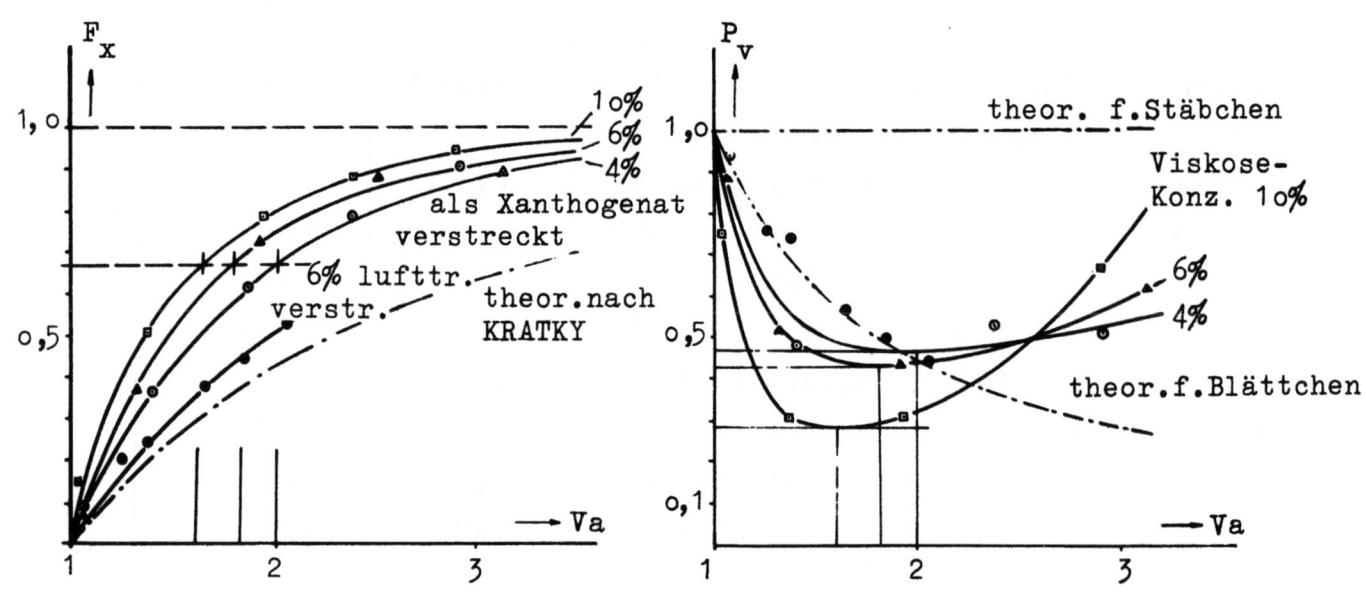

A b b i l d u n g 25

links: Orientierungsfaktor f_x und Verstreckung v_a

rechts: Paratropes Verhältnis P_v und Verstreckung v_a

bei HERMANS'schen Modellfäden verschiedener Zellulosekonzentration

Am nächsten kommt die Verstreckung der Viskose-(Modell)-Fäden im lufttrockenen Zustand dem theoretischen Verlauf. Die Kurven aber, die der Verstreckung im Xanthogenatzustand entsprechen, liegen wesentlich höher und unterscheiden sich deutlich nach den Zellulosekonzentrationen der Spinnlösung, und zwar schreitet die Orientierung umso schneller fort, je höher diese Konzentration ist.

In der rechten Hälfte der Abb. 25 ist nun für dasselbe Material das paratrope Verhältnis P_v statt des Orientierungsfaktors aufgetragen. Hier verlaufen die für KRATKY's Stäbchenfall und Blättchenfall berechneten Kurven weit getrennt; die erste stellt eine Gerade konstanter Höhe $P_v = 1$ dar, die zweite dagegen fällt sehr stark und monoton ab vom Wert 1 für den unverstreckten Zustand bis herunter auf 0,3 für die Verstreckung 3 oder 200 %. Und entsprechend ist auch die Differenzierung der Kurven für die verschiedenen Zellulosekonzentrationen gewachsen. Vor allem aber fällt auf, daß die experimentellen Kurven nicht monoton verlaufen, sondern nach Durchschreiten eines Minimums wieder ansteigen. Eine Ausnahme davon macht allein die Verstreckung der Fäden (aus 6 %iger Viskose) im lufttrockenen Zustand, die der theoretischen Kurve für KRATKY's Blättchenfall sehr gut folgt. Doch fehlt der Wiederanstieg vielleicht auch nur deshalb, weil die Kurve, der Natur der trockenen Dehnung entsprechend, schon bei der Verstreckung $v_a = 2$ oder 100 % abbricht.

Dieser Wiederanstieg des paratropen Verhältnisses, der - wie wir noch sehen werden - ebenso wie bei den im Xanthogenatzustand verstreckter Modellfäden auch bei sämtlichen technischen Spinnprozessen auftritt und der nach einem Abfall, der wenigstens dem Sinne nach der KRATKY'schen Theorie der Blättchenorientierung entspricht, unter Umständen wieder bis nahe an den theoretischen Wert 1 des paratropen Verhältnisses für die Stäbchenorientierung herauführt, müßte nun im KRATKY'schen Sinne wieder so gedeutet werden, daß die krystallinen Bereiche im Verlaufe des Streckprozesses ihre Form ändern. Im Anfange müßten also Blättchen vorliegen, die sich mit wachsender Verstreckung allmählich verdicken und dadurch der Stäbchenform immer mehr annähern, wobei jedoch die Menge der krystallinen Substanz sich nicht ändern darf; denn eine etwaige Erhöhung des krystallinen Anteils durch die Verstreckung konnte noch in keinem Falle nachgewiesen werden (12). Noch größer aber sind die

Schwierigkeiten, die dieser Deutung aus dem Befund entstehen, daß die Verstreckung der fertigen, lufttrockenen Fäden wieder der Theorie des Blättchenfalles folgt.

Es gelingt aber, eine solche unwahrscheinliche Annahme zu umgehen, wenn man dem Kurvenverlauf eine Aussage nicht über die Form der Gitterbereiche, sondern wieder nur über die Längs- und Querkräfte zu entnehmen versucht, denen sie bei der Verstreckung unterliegen. Der Umstand, daß sämtliche Kurven für die Xanthogenatfäden anfangs stärker fallen als die theoretische Kurve für den Blättchenfall, ist dann so zu deuten, daß in allen Fällen größere Querkräfte auftreten, als diesem Ansatz entspricht; und die Reihenfolge der Kurven bezüglich ihrer Steilheit und der Tiefe ihres Minimums zeigt weiter, daß diese Querkräfte umso größer sind, je höher die Zellulosekonzentration der Viskoselösung war. In derselben Reihenfolge sind aber stärkere Vernetzungen zu erwarten. Das Umbiegen der Kurven und ihr anschließender Wiederanstieg, die Abnahme also der Querkräfte bis zum völligen Verschwinden mit zunehmender Verstreckung, verlangt dann eine plausible Erweiterung der Netzvorstellung in dem Sinne, daß den Haftpunkten nur eine endliche Lebensdauer zugeschrieben wird. Das bedeutet aber eine dynamische Auffassung der Struktur des Zellulosegels und selbst noch der Kunstfaser im Sinne MESKAT's (13) als ein rheologisches System, das durch eine mit seiner Viskosität veränderten Relaxationsfrequenz oder ein Spektrum solcher Frequenzen charakterisiert ist.

Abfall und Wiederanstieg des paratropen Verhältnisses entsprechen danach verschiedenen Verhältnissen von Orientierungsgeschwindigkeit und Relaxationsfrequenz. Und es ist bemerkenswert, daß den Verstreckungswerten, bei denen die Minima der drei Kurven liegen, nämlich v_a = 1,6 bzw. 1,8 und 2,0 für die Zellulosekonzentrationen 4, bzw. 6 und 10 %, nach Aussage der Abb. 25 jeweils derselbe Wert 0,68 des Orientierungsfaktors entspricht. Hierfür müßte also die Orientierungsgeschwindigkeit von derselben Größenordnung sein wie die Relaxationsfrequenz, während sie bei niedrigeren Orientierungen darüber und bei höheren darunter liegt. Und tatsächlich soll nach KRATKY die Orientierungsgeschwindigkeit mit wachsender Orientierung wie der Sinus des Winkels zwischen den Achsen der Gitterbereiche auf der Faserachse abnehmen. Um ansteigende Werte des paratropen Verhältnisses zu erreichen, muß man also so stark verstrecken, daß der Wert 0,68 des Orientierungsfaktors überschritten wird.

Das wird nun, wie aus der Darstellung der Abb. 26 hervorgeht, auch für den technischen Viskoseprozeß bestätigt. Hier sind die beiden Orientierungsparameter f_x für die Quantität der Orientierung und P_v für die Qualität gegeneinander aufgetragen worden, und zwar einmal die nach KRATKY berechneten und zum anderen die neuerdings von HERMANS für eine Reihe technischer Spinnprozesse, wie die der gewöhnlichen Viskoseseide sowie der Reifenseide (Cords) und der Lilienfeldseide (Sedura) und auch der Chemiekupferseide, gemessenen Wertepaare. Diese Auftragung des durch die Verstreckung erreichten Orientierungsgrades als Abszisse bietet den Vorteil eines vergleichbaren Maßstabes für alle diese verschiedenen Streckprozesse anstelle der häufig nicht genau angebbaren und nicht kommensurablen Verstreckungsdaten. In dieser Darstellung liegen nun sämtliche Meßpunkte innerhalb der durch die Kurven für die beiden KRATKY'schen Theorien der Stäbchen und der Blättchenorientierung - in unserem Sinne also der Deformationen ohne Querkräfte bzw. mit gleichen Längs- und Querkräften - begrenzten Fläche, so daß diese beiden Fälle als Grenzfälle erscheinen.

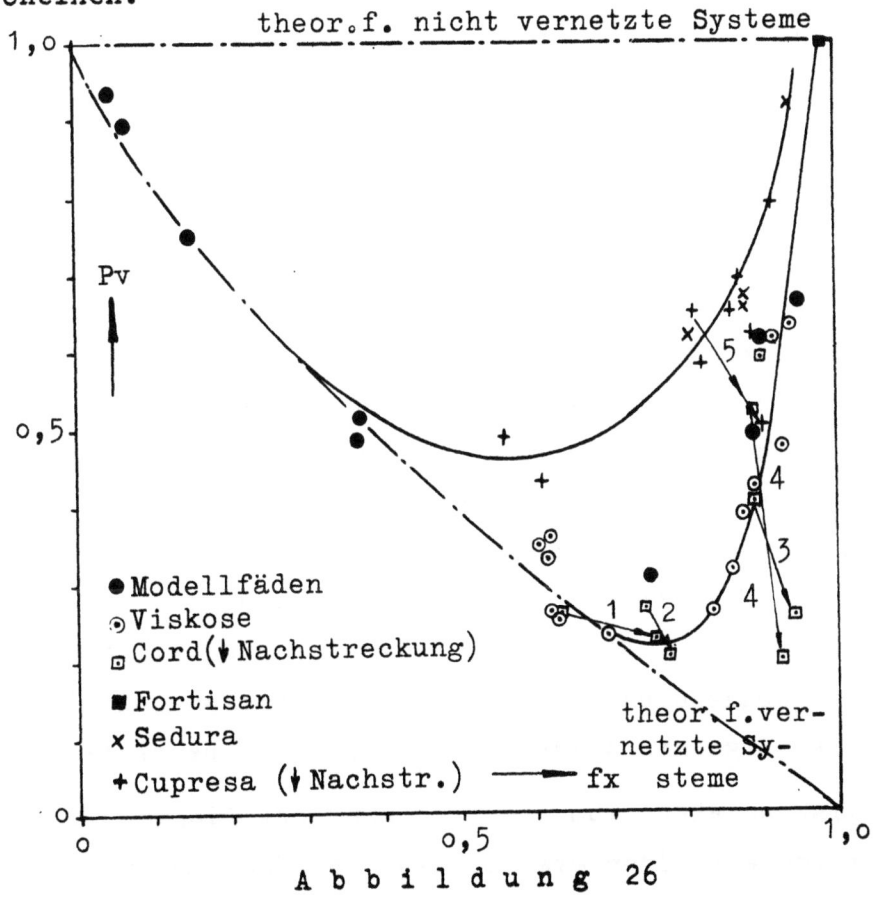

Abbildung 26

Orientierungsfaktor f_x und paratropes Verhältnis P_v für verschiedene technische Spinnprozesse

Die gemessenen Wertepaare folgen anfangs der abfallenden Kurve für den Deformationsmechanismus für Blättchen, biegen dann aber nach oben um und nähern sich dem Wert 1 des paratropen Verhältnisses für den Deformationsmechanismus für Stäbchen in ähnlicher Weise wie auch die P_v, v_a-Kurven der Abb. 25. Dabei gliedern die Streckprozesse sich in zwei Gruppen, deren Kurven der theoretischen Kurve für den zweiten Deformationsmechanismus verschieden weit folgen. Für die im Xanthogenatzustand verstreckten HERMANS'schen Modellfäden, die gewöhnlichen Viskoseseiden und die Reifenseiden findet sich eine gemeinsame Kurve, die erst bei dem kleinen Wert $P_v = 0,23$ von der theoretischen Kurve abbiegt. Und der zugehörige Orientierungsfaktor hat bemerkenswerterweise wieder den Wert 0,68. Die Lilienfeldseiden und die Chemiekupferseiden ergeben eine zweite Kurve mit einem wesentlich flacheren Verlauf. Das aber muß nach der besprochenen Verknüpfung zwischen dem Blättcheneffekt bzw. dem Auftreten von Querkräften und der Vernetzung als ein Anzeichen dafür aufgefaßt werden, daß bei der zweiten Gruppe eine schwächere Vernetzung vorliegt als bei der ersten; und das ist mit dem der Chemiekupferseide und auch der Lilienfeldseide im Zeitpunkt der Verstreckung eigentümlichen hohen Quellungszustand und ihrer geringen Packungsdichte durchaus vereinbar. Daraus geht gleichzeitig hervor, daß der Verlauf des Verstreckungsvorganges nicht durch chemische, sondern ausschließlich durch physikalische Größen bestimmt wird.

Wenn man aber folgern wollte, daß, den höheren Werten des als Qualitätsmaß der Orientierung bezeichneten paratropen Verhältnisses entsprechend, den Seiden der zweiten Gruppe auch eine höhere textile Qualität entsprechen müßte, so muß demgegenüber darauf hingewiesen werden, daß ein solches Urteil nur innerhalb einer Streckserie zulässig ist, innerhalb derer allein der Orientierungszustand geändert wird, nicht aber bezüglich verschiedener Streckvorgänge, bei denen zusätzliche Unterschiede in anderen maßgebenden Strukturfaktoren vorliegen können, wie hier in der Packungsdichte der beiden Gruppen. Die höhere Orientierungsqualität der zweiten Gruppe wird hier geradezu durch ihre geringere Packungsdichte erkauft, so daß im textilen Ergebnis beide Faktoren sich kompensieren.

Bezüglich der Viskoseseiden aber kann an Hand des Diagrammes gesagt werden, daß man brauchbare Fäden erst erhält, wenn man den Orientierungsfaktor 0,68 überschreitet, und daß die Qualität umso besser wird, je mehr das der Fall ist; und Ähnliches gilt auch für die Reifenseiden. Diese

Verstreckung muß aber auf einmal im üblichen Quellungszustand durchgeführt werden. Streckt man erst die fertige Faser nach, so bedeutet das im Sinne der in Abb. 26 eingetragenen Pfeile zwar eine Erhöhung des Orientierungsfaktors, unter gleichzeitiger starker Abnahme jedoch des paratropen Verhältnisses, und das umso mehr, je höher P_v über der theoretischen Kurve für völlige Vernetzung (KRATKY's Blättchenfall) lag. Die Nachstreckung verdirbt also die Orientierungsqualität durch die starken dabei auftretenden Querkräfte, die auch zu erwarten sind, weil im fertigen Faden die Relaxationsfrequenzen so niedrig liegen, daß die Orientierungsgeschwindigkeit im Vergleich dazu stets hoch ist.

3. Der Blättcheneffekt

In den besprochenen Fällen, in denen die neuen Parameter Orientierungsverhältnis $O_v = \alpha_h/\beta_h$ und das paratrope Verhältnis $P_v = \overline{\sin^2\alpha_0}/\overline{\sin^2\alpha_3}$ gemessen wurden, konnten wir feststellen, daß sich unter den Verhältniswerten wohl solche finden, wie sie die Theorie für die Blättchen verlangt, aber auch solche, die der Theorie für Stäbchen entsprechen und dazu alle möglichen Zwischenwerte. Wir konnten weiter zeigen, daß es nicht möglich ist, Formveränderungen der krystallinen Bereiche dafür verantwortlich zu machen, eine Auffassung, der sich unterdessen auch KRATKY (14) angeschlossen hat. Es bleibt also, wie wir oben bereits feststellten, nichts anderes übrig, als in allen Fällen eine Blättchenform anzunehmen, die unabhängig von den Orientierungsmessungen durch eine Reihe anderer Befunde, wie z.B. durch die Kleinwinkelstreuung, sicher belegt erscheint. Und wir wollen uns mit dem <u>Problem, warum bei gegebener Blättchenform doch der Blättcheneffekt, d.h. die bevorzugte Einstellung der Blättchenebenen in die Dehnungsrichtung in so verschiedenem Maße in Erscheinung tritt</u>, nun eingehender beschäftigen.

a) Der Blättcheneffekt und die Zahl der Haftpunkte

KRATKY und Mitarbeiter (14) haben dasselbe Problem kürzlich mit ihrem neuen Modell der Mizellketten mit ebenen Scharnieren angegangen. Wir wollen hier aber den Gedanken weiterverfolgen, die Erklärung für dieses unterschiedliche Verhalten in dem verschiedenen Vernetzungsgrad der Zellulosegele zu suchen. Dem liegt die Überlegung zugrunde, daß bei der Verstreckung eines vernetzten Systems im Verhältnis zu den Längskräften, die

die Achsen der krystallinen Bereiche in die Richtung der Faserachse zu stellen suchen, umso stärkere Querkräfte auftreten müssen, je stärker die Vernetzung ist, und daß diese Querkräfte es sind, die die Blättchenflächen senkrecht zum Faserradius stellen. Daraus würde aber folgen, daß der Blättcheneffekt umso größer gefunden werden muß, je kleiner der Quellungsgrad des Geles, je höher die Zellulosekonzentration der Spinnlösung oder je größer der Durchschnittspolymerisationsgrad der Zellulosemoleküle ist.

Zur Prüfung dieser Folgerung haben wir den Blättcheneffekt aus einschlägigem experimentellen Material aus dem Zelluloseforschungsinstitut von HERMANS (9) wie aus unserem Laboratorium ermittelt und in den folgenden Abb. 27 und 28 in Abhängigkeit von den vorgenannten Größen dargestellt. Als Bezugspunkt für den Blättcheneffekt wurden dabei die nach der KRATKY'schen Deformationstheorie für blättchenförmige Teilchen berechneten Werte des Orientierungsverhältnisses ($O_{v\ theor}$) bzw. des paratropen Verhältnisses ($P_{v\ theor}$) benutzt. Die Ordinaten enthalten daher die Differenzen zwischen den gemessenen und den berechneten Verhältniswerten und zwar mit umgekehrten Vorzeichen, weil der Blättcheneffekt mit zunehmenden Verhältniswerten abnimmt. Die gestrichelte Linie entspricht also dem theoretischen Effekt, die positiven Zahlen von ($O_{v\ theor} - O_v$) bzw. ($P_{v\ theor} - P_v$) zeigen größere, die negativen kleinere Blättcheneffekte an.

Abb. 27 bezieht sich auf Verstreckungen in verschiedenen Quellungszuständen; da letztere aber zahlenmäßig nicht erfaßbar waren, ist als Abszisse die Bruchdehnung BD aufgetragen worden, die sich nach dem Verstrecken einstellte. Dabei ergibt sich eine von oben links nach unten rechts abfallende Gerade. Rechts unten liegen die Meßwerte (-o-o-) von Chemiekupferseiden, die im gewöhnlichen Verfahren im Spinntrichter verstreckt wurden. Sie haben also noch einen sehr hohen Quellungsgrad und zeigen, wie erwartet, kleine Blättcheneffekte, die z.T. deutlich unter dem theoretischen Wert liegen. Die links oben anschließenden Meßpunkte (-+-+-) sind an Chemiekupferseiden erhalten, die außerhalb des Spinntrichters, nach beendeter Koagulation also und daher in einem merklich kleineren Quellungszustand, noch in verschiedenem Maße nachgestreckt wurden. Noch höhere Blättcheneffekte finden sich bei einigen Acetatstreckseiden (-x-x-), die nachträglich verseift und weiter verstreckt

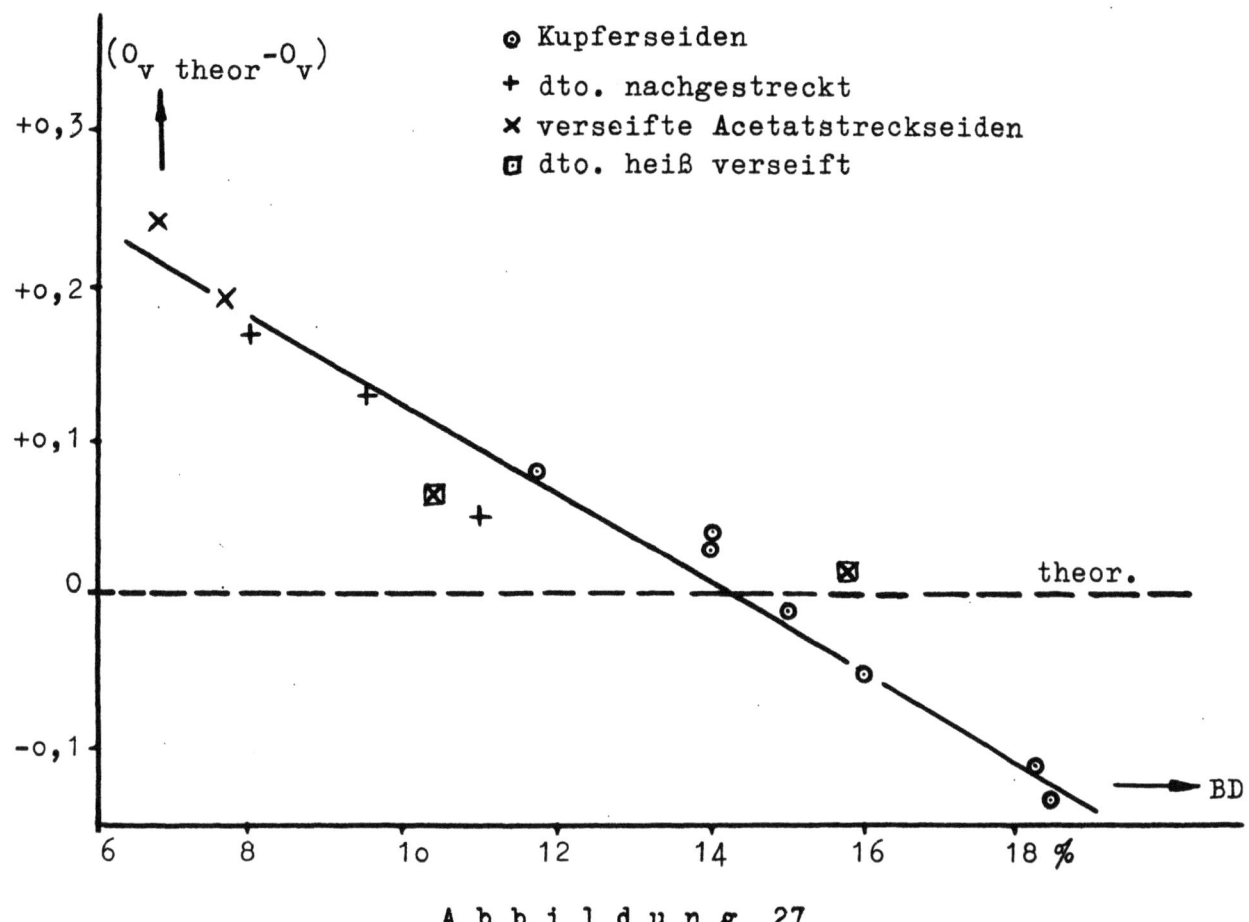

Abbildung 27

Blättcheneffekt und Bruchdehnung von Kunstseiden nach Verstreckung in verschiedenen Quellungszuständen

wurden. Andere Muster dieser Kunstseiden aber weisen als Folge der Verwendung höherer Temperaturen bei der Verseifung wesentlich kleinere Blättcheneffekte auf.

Alle diese Versuchsseiden aber besitzen eine umso höhere Bruchdehnung, je kleiner der Blättcheneffekt gefunden wurde. Auch dadurch wird unsere Auffassung bestätigt, wonach der Blättcheneffekt ein Maß für die Vernetzung des Zellulosegels darstellt; denn es ist klar, daß die Dehnbarkeit durch eine stärkere Vernetzung beeinträchtigt wird.

Die Abhängigkeit des Blättcheneffektes von der Zellulosekonzentration c_{Zell} der Spinnlösung ist in Abb. 28a dargestellt. Als Parameter wurde dabei die Verstreckung, gemessen in Vielfachen der Ausgangslänge, aufgetragen. Insbesondere bei kleinen Verstreckungen stellt sich ein Blättcheneffekt ein, der in erwartetem Sinne mit der Konzentration zunimmt. Bei höheren Verstreckungen tritt dieser Effekt zurück, worauf noch zurückzukommen sein wird. Zunächst unerwartet erscheint das Umschlagen des Effektes in eine kräftige Abnahme mit wachsender Konzentration bei

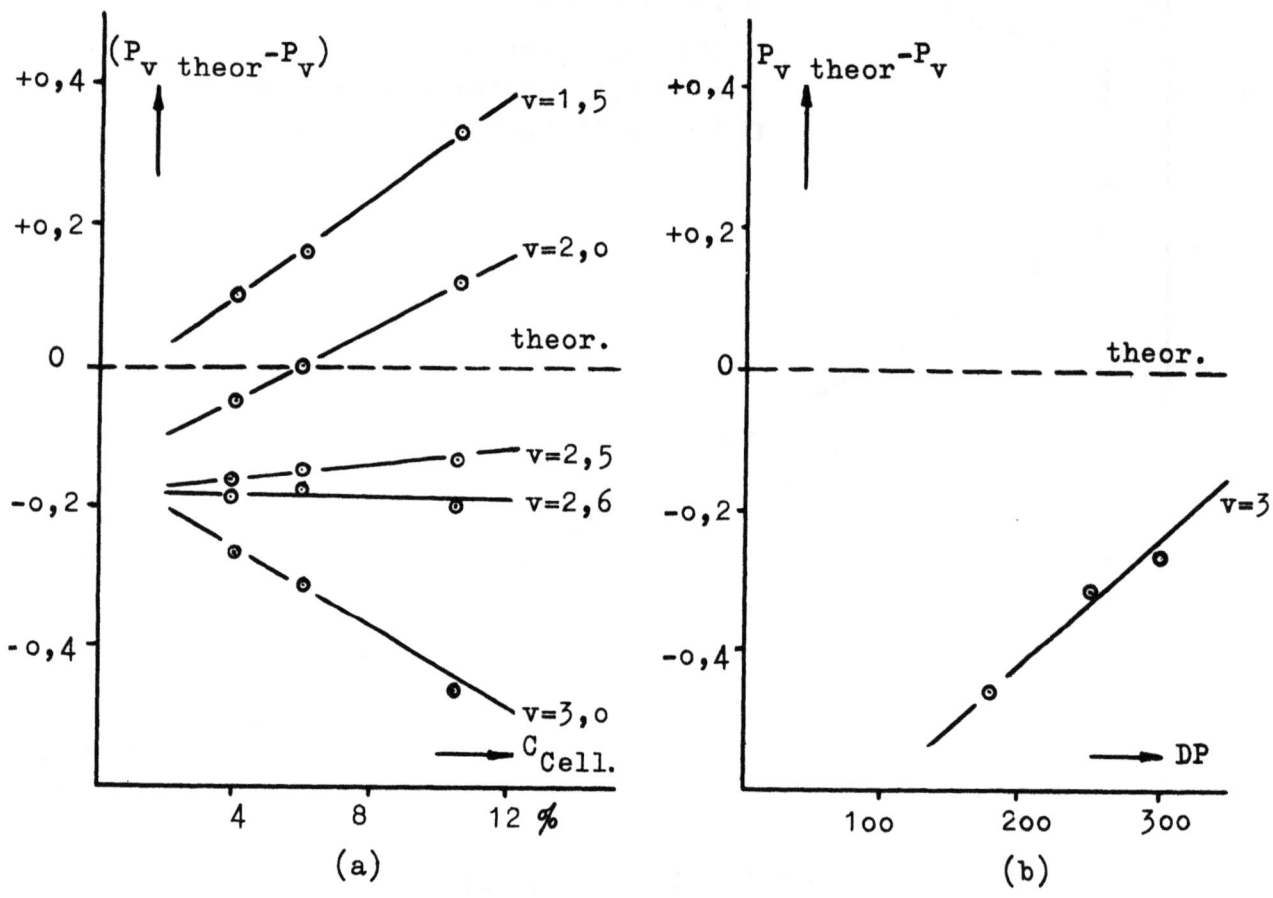

Abbildung 28

Der Blättcheneffekt in Abhängigkeit
a) von der Zellulosekonzentration
b) vom Durchschnittspolymerisationsgrad

der höchsten angewendeten Verstreckung (v = 3). Man muß aber bedenken, daß das Spinnen von Kunstseiden nur in einem engen Viskositätsbereich der Spinnlösungen möglich ist. Infolgedessen mußte zum Verspinnen von Lösungen höherer Konzentration der Durchschnittspolymerisationsgrad herabgesetzt werden. Bei der Verstreckung v = 2,6, bei der der Blättcheneffekt von der Konzentration unabhängig gefunden wird, heben sich also die Zunahme der Zahl der Haftpunkte durch die wachsende Konzentration und ihre Abnahme durch den sinkenden mittleren Polymerisationsgrad gerade auf, bei noch höheren Verstreckungen überwiegt dann der Einfluß des Polymerisationsgrades. Gegen den Durchschnittspolymerisationsgrad aufgetragen (Abb. 28b) zeigt der Blättcheneffekt jetzt die erwartete Zunahme mit der Kettenlänge der Zellulosemoleküle.

b) Der Blättcheneffekt und die Lebensdauer der Haftpunkte

Die Abnahme des Blättcheneffektes mit wachsender Verstreckung, die in der Kurvenschar der Abb. 28a zum Ausdruck kommt, trat schon in Abb. 26 in Erscheinung. Sie wird besonders deutlich, wenn über dem Orientierungsgrad f_x als Maß für die erreichte Orientierung nicht, wie damals, das paratrope Verhältnis P selbst, sondern die oben besprochene Ordinate ($P_{v\ theor} - P_v$) aufgetragen wird, weil dadurch der Blättcheneffekt über KRATKY's theoretischem Wert als Bezugslinie erscheint (Abb.29). Die Kurve verbindet die Meßwerte für verschieden stark verstreckte Viskosefasern. Sie beginnt bei kleinen Orientierungsgraden, also geringen Verstreckungen, mit dem vollen theoretischen Wert des Blättcheneffektes, der bis etwa $f_x = 0,4$ beibehalten wird. Dann biegt sie erst langsam, von $f_x = 0,8$ an aber steil nach unten um und nähert sich schließlich schnell dem Nullwert des Blättcheneffektes, der für diese hohen Orientierungen nahe bei der Ordinate - 1,0 liegen würde. Alle diese Verstreckungen erfolgten in üblicher Weise im noch gar nicht oder wenigstens erst teilweise umgewandelten Zustand. Eine Nachstreckung, wie sie für einige Cord-Kunstseiden eingetragen ist, führt wieder auf höhere Blättcheneffekte.

Wir haben diesen Kurvenverlauf oben schon als Zeiteffekt gedeutet, weil die orientierenden Kräfte mit kleiner werdendem Winkel zwischen der Achse eines krystallinen Bereiches und der Faserachse abnehmen müssen, so daß die Verformungsgeschwindigkeit kleiner wird. Zur Deutung dieses Zeiteffektes haben wir auch die dynamische Auffassung der Vernetzung des Zellulosegels schon herangezogen, wie sie von MESKAT (13) ausgesprochen wurde. Danach kommt den Haftpunkten nur eine endliche Lebensdauer zu, sei es, daß es sich dabei um chemische Nebenvalenzen handelt, deren Bindungsenergie nicht allzu hoch über der Energie der Wärmebewegung liegt, so daß ähnliche Relaxationsverhältnisse auftreten müssen wie bei den Flüssigkeitsstrukturen, sei es, daß es sich um physikalische Haftpunkte im Sinne einer Umschlingung benachbarter Ketten (15) handelt, die sich bei genügend langsamen Beanspruchungen lösen können. In beiden Fällen müssen die Haftpunkte bei langsamerer Beanspruchung weniger wirksam werden, so daß die Querkräfte und mit ihnen der Blättcheneffekt zurücktreten.

Wenn nun nach Abb. 28 die Wirkung einer Konzentrationserhöhung auf den Blättcheneffekt mit wachsender Verstreckung, d.h. abnehmender Geschwindigkeit der Orientierung schneller verschwindet als die Wirkung der Erhöhung des Durchschnittspolymerisationsgrades, so zeigt das im Sinne der obigen Deutung, daß beiden Effekten Haftpunkte mit verschiedener Lebensdauer entsprechen. Man könnte daher dazu neigen, den von der Konzentration abhängigen Haftpunkten als den kurzlebigeren den Charakter von Nebenvalenzbindungen, den mit dem Polymerisationsgrad zu nehmenden langlebigeren dagegen den Charakter von Umschließungshaftpunkten zuzuschreiben. Wenn solche auch bei hochmolekularen Kohlenwasserstoffen auftreten und deren Verhalten von der Verformungsgeschwindigkeit abhängig machen, so muß ihre Existenz bei der geringeren Beweglichkeit der Zelluloseketten hier aber doch zweifelhaft erscheinen.

Zur direkten Nachprüfung der Richtigkeit der dynamischen Vorstellung können wir nun die oben schon besprochenen Orientierungsmessungen an zwei Faserserien heranziehen, die mit verschiedenen Streckgeschwindigkeiten gesponnen waren. Diese Möglichkeit bot sich beim Trichterspinnen des Kupferoxydammoniakverfahrens durch die zwangsläufige Verknüpfung des Koagulations- und des Streckvorganges. Denn mit wachsender Koagulationsgeschwindigkeit rückt das Gebiet, in dem die Viskosität des Fadens einmal

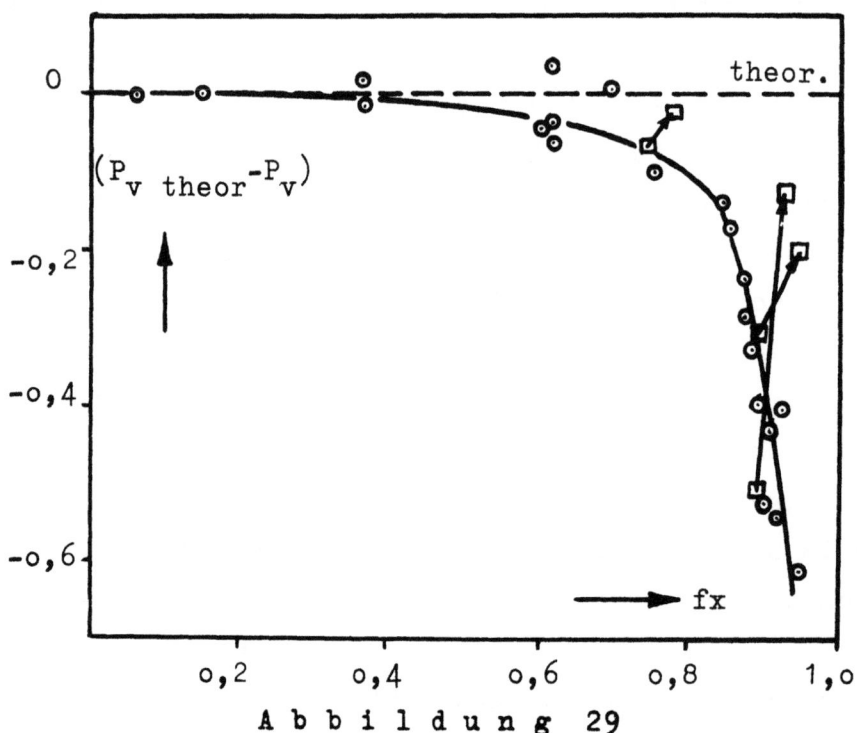

Abbildung 29

Blättcheneffekt und Orientierungsgrad bei verschiedenen Viskosefasern genügend groß ist, um überhaupt Streckkräfte aufzunehmen, zum anderen aber niedrig genug, um noch eine Verstreckung zuzulassen, räumlich und zeitlich immer mehr zusammen. Wie gezeigt, nimmt dabei nach ELSAESSER (8) zwar die Größe der Verstreckung, gemessen durch das Verhältnis der Faserquerschnitte an diesen beiden Grenzen, etwas ab, viel stärker aber verkürzt sich die dazwischen liegende Zeit, so daß mit der Zunahme der Koagulationsgeschwindigkeit stets eine Zunahme der Streckgeschwindigkeit parallel geht.

Für die oben besprochene Meßreihe, in der die Koagulationsgeschwindigkeit chemisch beeinflußt wurde, während die Temperatur konstant blieb (Abb. 30a), steigt der Blättcheneffekt mit steigender Koagulationsgeschwindigkeit an, wodurch der erwartete Zusammenhang zwischen dem Blättcheneffekt und der Streckgeschwindigkeit unmittelbar bestätigt wird (Abb. 30). Die zweite Möglichkeit, verschiedene Streckgeschwindigkeiten herzustellen, bestand darin, die Temperatur des Fällwassers zu erniedrigen. Dadurch wird der Austauschvorgang verlangsamt, so daß die mit niedrigerer Temperatur gesponnenen Fasern also auch nur niedrigeren Streckgeschwindigkeiten ausgesetzt sind. Die zu dieser Temperaturreihe (b) gehörigen Blättcheneffekte sind in der Abb. 30b wiedergegeben. Wieder steigen Fällgeschwindigkeit und Streckgeschwindigkeit nach rechts an, doch behält der Blättcheneffekt dieses Mal unabhängig davon seinen Wert bei.

Dieses unterschiedliche Verhalten ist aber leicht zu verstehen. In der ersten Reihe (a) erfolgte die Änderung der Koagulationsgeschwindigkeit bei konstanter Temperatur, also gleichbleibender Lebensdauer der Haftpunkte. Und in diesem Falle zeigt der Blättcheneffekt den erwarteten Gang. Bei der Temperaturreihe (b) aber ist die Steigerung der Koagulationsgeschwindigkeit durch eine kräftige Erhöhung der Temperatur herbeigeführt worden, so daß gleichzeitig mit der schnelleren Beanspruchung der Gels auch die Lebensdauern der Haftpunkte abnehmen. Im Verhältnis zu den Relaxationszeiten findet also gar keine schnellere Beanspruchung statt und daher kann auch keine Zunahme des Blättcheneffektes erwartet werden.

Das Ergebnis der Messungen an den Fasern der Temperaturreihe läßt also, indem die Wirkung der schnelleren Beanspruchung durch die Temperaturerhöhung kompensiert wird, zugleich die zu fordernde Temperaturabhängigkeit

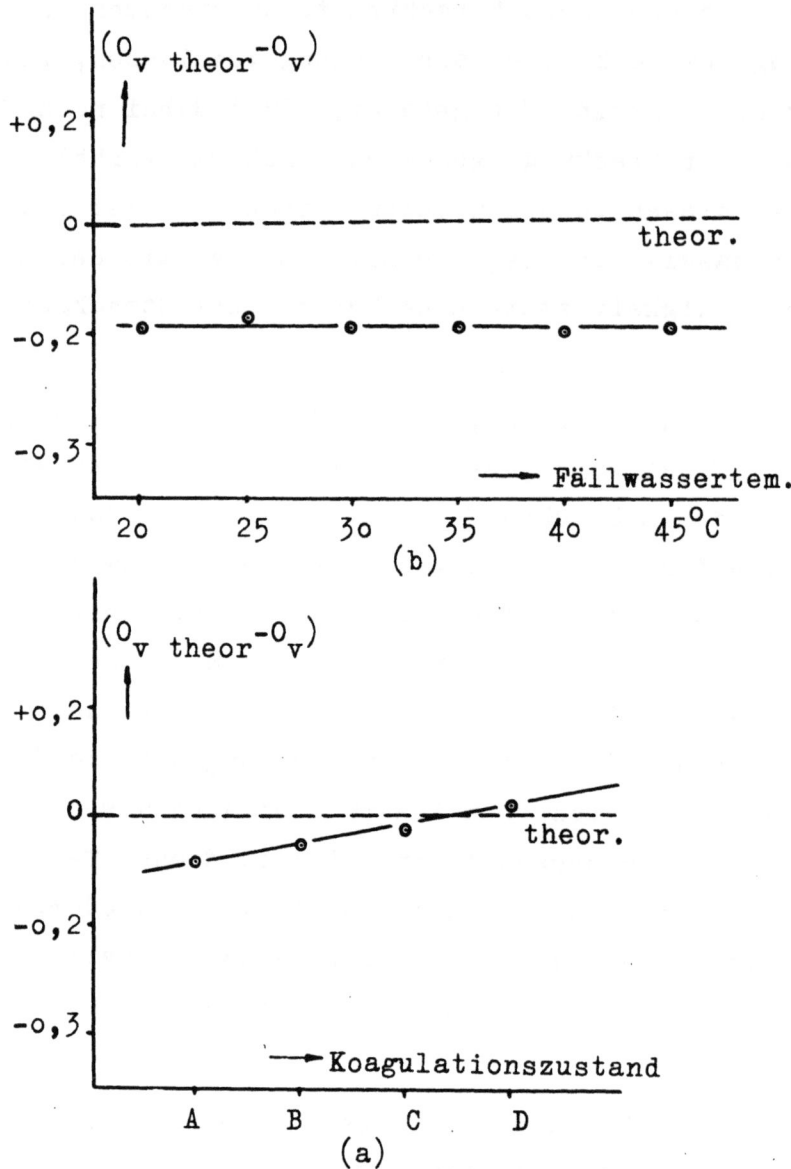

Abbildung 30

Blättcheneffekt und Koagulationsgeschwindigkeit
a) bei konstanter,
b) bei veränderlicher Temperatur

der Lebensdauer der Haftpunkte in Erscheinung treten. Bei unverändertem Zeitverlauf der Beanspruchung aber muß der Blättcheneffekt mit wachsender Temperatur kleiner, mit wachsender Viskosität größer werden. Der erste Fall trat schon in Abb. 27 in Erscheinung, wo die Verkleinerung des Blättcheneffektes und Vergrößerung der Bruchdehnung bei einigen verseiften Acetatstreckseiden durch eine Erhöhung der Verseifungstemperatur erreicht war. Durch die Herabsetzung der Relaxationszeit der

Vernetzungen infolge der Temperaturerhöhung ist also offenbar dem von der vorhergehenden Verstreckung herrührenden Blättcheneffekt Gelegenheit gegeben worden, sich auszugleichen. Einen Fall der zweiten Art aber zeigen die Nachstreckpfeile der Cord-Kunstseiden in den Abb. 26 und 29. Wir folgerten damals schon, daß infolge ihrer großen Viskosität eine Nachstreckung fertiger Kunstseiden stets zu einem starken Blättcheneffekt führt, weil in diesem Falle die Lebensdauern der Haftpunkte so groß sind, daß jede Verstreckung eine im Verhältnis dazu schnelle Beanspruchung darstellt.

D. Schluß
1. Zusammenfassung

a) Es ist bekannt, daß die Krystallite der Zellulose blättchenförmig sind und daher beim Verstrecken nicht nur ihre Achsen sondern oft auch ihre Blättchenebenen bevorzugt parallel zur Faserachse stellen. Man hat bisher aber meist nur die Blättchenorientierung gemessen und sich mit ihrer Verknüpfung mit der Achsenorientierung begnügt, wie sie von der KRATKY'schen Theorie für die Deformation der Zellulosegele gegeben wird. Doch kann man sich beide auch weitgehend unabhängig voneinander vorstellen, wenn man die Blättcheneinstellung mit den Querkräften in Verbindung bringt, die bei der Verstreckung in umso höherem Maße auftreten müssen, je stärker das Gel vernetzt ist. Man kann deshalb eine aufschlußreiche zusätzliche Charakterisierung des Orientierungszustandes erwarten, wenn man beide Orientierungen einzeln mißt und mit dem Verhältnis beider ein Maß für den "Blättcheneffekt" einführt.

b) Die Messung der Blättchenorientierung ist mit der bisher meist geübten Orientierungsmessung durch die azimutale Halbbreite α_h des Äquatorreflexes A_o des Röntgendiagrammes identisch, für die Messung der Achsenorientierung aber mußte ein eigenes Verfahren erst entwickelt werden, und es gelang uns, durch spezielle "schiefe" Aufnahmen des Meridianreflexes II_o der senkrecht zu den Achsen stehenden Krystallfläche die vollständigen Richtungsverteilungskurven der Achsen zu erhalten und für eine größere Zahl von Fasertypen erstmalig darzustellen. Als Maß für die Achsenorientierung bietet sich dann die Halbbreite β_h dieser Verteilung, doch kann man durch Integration der

Kurven auch die Schwankungsgröße $\overline{\sin^2 \beta}$ und daraus den HERMANS-schen Orientierungsfaktor f_x erhalten, der die Achsenorientierung in Bruchteilen der vollkommenen Parallelstellung angibt.

c) Aus diesen beiden Halbbreiten bilden wir das "Orientierungsverhältnis" α_h/β_h, das das Verhältnis von Achsenorientierung und Blättchenorientierung angibt. Dieses Verhältnis kann sehr verschiedene Werte annehmen und zeigt dadurch, wie weitgehend beide Orientierungen tatsächlich voneinander unabhängig sein können. Es hat sich weiter als ein Parameter erwiesen, der zu den Fasereigenschaften sehr enge Beziehungen besitzt: Je größer dieses Verhältnis gefunden wird, je geringer also der Blättcheneffekt ist, umso größer wird in allen Fällen die Bruchdehnung der Fasern gefunden. Ein starker Blättcheneffekt führt also zu einer Versprödung der Fasern, und wir können das Orientierungsverhältnis daher als ein Maß für die Qualität der Orientierung auffassen.

d) Durch Multiplikation der Qualitätsgröße mit der Quantitätsgröße (Achsenorientierung $1/\beta_h$) wird dann ein Gütewert für die Orientierung erhalten ("Orientierungsgüte" α_h/β_h^2). Je höher diese ist, umso größer findet sich im allgemeinen der sogenannte Textilfaktor (Bruchspannung x Bruchdehnung); nur beim Auftreten stark verschiedener Scheuerfestigkeiten muß diese Größe mit berücksichtigt werden. Es zeigt sich dann eine strenge Proportionalität zwischen der Orientierungsgüte und der textilen Güte, die wir, ähnlich wie MATTHES, durch die drei Größen Bruchspannung, Bruchdehnung und Anscheuerungszahl definieren.

e) Die neuen Orientierungsparameter wurden ferner nach den Theorien von KRATKY für die Orientierung stäbchenförmiger und blättchenförmiger Teilchen durch die Verstreckung berechnet. Der Vergleich mit der Erfahrung ergab dann, daß beim Streckspinnverfahren von Kupferreyon Orientierungszustände erreicht werden, die weitgegend dem KRATKY'schen Stäbchenfall entsprechen, während sie bei Viskosereyon etwa dem Blättchenfalle folgen, jedoch schon einen etwas stärkeren Blättcheneffekt zeigen, als es der Theorie entspricht. Und das ist in noch viel höherem Maße der Fall, wenn man fertige Fäden nachträglich noch nachstreckt. Wir sehen darin aber keine Formunterschiede der krystallinen Teilchen, sondern vielmehr verschiedene Kräftespiele, die bei gleicher Blättchenform verschiedene Blättcheneffekte geben, und schließen, daß beim Strecken der entstehenden Kupferfasern nur schwache, beim Strecken der Viskosefasern starke und bei jedem Nachstreckprozeß sogar extra starke Querkräfte auftreten.

f) Wir konnten diese Befunde noch ergänzen, nachdem wir auch in die HERMANS'sche Methode der Bestimmung der Schwankungsgrößen neben dem Orientierungsfaktor einen zweiten Orientierungsparameter einführten. Dazu bot sich bei der hier ausgeübten Messung eines zweiten Äquatorreflexes das Verhältnis der Schwankungsgröße einer anderen Seitenfläche zu der der Blättchenfläche, das wir als "paratropes Verhältnis" bezeichnen. Der Verlauf dieses Verhältnisses mit dem Orientierungsfaktor läßt die Fasern in zwei Gruppen einteilen. Die eine wird von sämtlichen Viskosefasern einschließlich der HERMANS'schen Modellfäden und der Cordseiden gebildet, die zweite, die durch ein mehr stäbchenartiges Verhalten gekennzeichnet ist, umfaßt die nach dem Kupferverfahren und dem Lilienfeldverfahren, einem modifizierten Viskoseverfahren, hergestellten Fasern. Dadurch wird zugleich deutlich, daß es in keiner Weise der chemische Zustand ist, der den Verlauf der Orientierung bestimmt, sondern allein der physikalische Zustand, in dem verstreckt wird. In beiden Fällen nimmt der Blätteneffekt nach Überschreitung des Orientierungsfaktors 0,6 wieder ab, sodaß Fasern hoher Festigkeit erreicht werden können, ohne daß die Dehnbarkeit beeinträchtigt wird. Doch muß diese Verstreckung mit einem Male beim Spinnen durchgeführt werden; eine Nachstreckung der fertig koagulierten oder sogar trockenen, wenn auch wieder angefeuchteten Fäden führt zu einem starken Absinken des paratropen Verhältnisses, damit zu einem erhöhten Blätteneffekt und einer verringerten Bruchdehnung.

g) So kann nicht nur an der Rohfaser, sondern auch an Faserproben aus einem fertig gewebten bzw. gewirkten und gefärbten Stück noch nachgewiesen werden, ob etwa auftretende Ungleichmäßigkeiten auf unerwünschte und schwankende Nachstreckungen zurückzuführen sind, wie sie durch zusätzliche Reibungswiderstände auf dem Wege der fertig koagulierten Fäden oder durch stellenweise Überbeanspruchungen der trockenen Fäden beim Aufspulen und Zwirnen auftreten können, und es gelingt bei einiger Erfahrung auch, zwischen diesen verschiedenen Ursachen zu unterscheiden. Andererseits kann, wenn die Fasereigenschaften den festgestellten Orientierungsdaten nicht entsprechen, auf nachträgliche

Faserschädigungen durch Einwirkungen geschlossen werden, die den Orientierungszustand nicht verändern, wie es z.B. für die Schädigung durch ultraviolettes Licht nachgewiesen wurde.

h) Ebenso konnten Wege aufgezeigt werden, den Streckvorgang so zu lenken, daß von vornherein nur kleine Blättcheneffekte auftreten. Man kann das erreichen, indem man den Polymerisationsgrad nicht zu hoch und die Zellulosekonzentration der Spinnlösung dafür etwas größer wählt, und indem man in einem möglichst hohen Quellungszustand oder, besonders dann, wenn das nicht möglich ist, genügend langsam verstreckt. Auch das ist in Übereinstimmung mit unserer Auffassung von der Entstehung des Blättcheneffektes; denn alle diese Wege haben die gleiche Wirkung, daß nämlich die krystallinen Teilchen der Deformation des Geles möglichst ungestört und unabhängig voneinander folgen können. In einem frühen Zustand können sie noch leicht aneinander abgleiten, sodaß nur geringe Querkräfte auftreten, und in einem späteren Zustand kann die Wirkung der Vernetzung noch dadurch gemildert werden, daß man den Haftpunkten zwischen Zelluloseketten der nichtkrystallinen Gebiete Zeit läßt, sich zu lösen; denn insbesondere bei niedrigerer Viskosität und höherer Temperatur ist die Lebensdauer der Haftstellen nur klein. Im trockenen Zustande aber sind Anzahl und Lebensdauer der Haftpunkte groß und können auch durch eine Wiederbefeuchtung kaum herabgesetzt werden. Hier führt jede Spannung und Streckung also notwendig zu einer Verstärkung des Blättcheneffektes und einer entsprechenden Herabsetzung der Dehnung.

2. Ausblick

Wenn durch die Einführung der neuen Orientierungsparameter auch schon eine weitergehende und für die Verbindung des Orientierungszustandes mit dem Streckvorgang einerseits und den Fasereigenschaften andererseits aufschlußreiche Auswertung der Röntgendiagramme der Zellulosefasern erreicht worden ist, so sind die Möglichkeiten dadurch aber noch keineswegs erschöpft. Denn gleichzeitig konnte auch eine Reihe bisher nicht beachteter Einflüsse der Verstreckung auf den Krystallisationszustand der Faser festgestellt werden, deren Auswertung eine zusätzliche und nützliche Charakterisierung der verschiedenen Spinn- und Streckverfahren verspricht.

Außerdem können aus einem systematischen Vergleich der verschiedenen Beschreibungsarten des Orientierungszustandes, unserer zweifachen Halbbreitemethode, der HERMANS'schen Methode der Schwankungsquadrate mit unseren Ergänzungen und einer neuen Methode von KRATKY, die einen "Formfaktor" liefert, der den Blättcheneffekt wieder von einer anderen Seite zu erfassen gestattet, jeweils an demselben Fasermaterial neue Einsichten erwartet werden. Entsprechende Versuche sind ebenfalls eingeleitet.

Nur durch solche Forschungsarbeiten wird es möglich sein, der Industrie die neuen Erkenntnisse zur Verfügung zu stellen, deren sie bedarf, um die Zellulosefasern weiter zu entwickeln und zu verbessern und diesen Fasern ihre Daseinsberechtigung auch neben den neuen vollsynthetischen Fasern zu sichern. Das aber ist nötig, wenn die vielmals größere Menge der Zelluloserohstoffe (Holzzellstoff und Baumwoll-Linters) und die erhebliche Kapazität der Kunstfaserindustrie auf Zellulosebasis weiterhin wirtschaftlich ausgenutzt werden soll.

Literaturverzeichnis

1) O. KRATKY, Kolloid-Z. **64**, 213 (1933)
   P.H. HERMANS, O. KRATKY u. R. TREER, Kolloid-Z. **96**, 30 (1944)

2) E. BAULE, O. KRATKY u. R. TREER, Z.phys.Chem. (B) **50**, 255 (1941)

3) O. KRATKY, Kolloid-Z. **64**, 213 (1933) u. **96**, 301 (1941)
   E. BAULE, O. KRATKY u. R. TREER, Z.phys.Chem. (B) **50**, 280 (1941)

4) W.A. SISSON, J.phys.Chem. **40**, 343 (1936) u. **44**, 513 (1940)

5) M. POLANYI, Z.Physik **7**, 149 (1921)
   M. POLANYI u. K. WEISSENBERG, Z.Physik **9**, 123 (1922)

6) J.J. HERMANS, P.H. HERMANS, D. VERMAAS u. A. WEIDINGER,
   Recueil trav.chim.Pays-Bas **65**, 427 (1946)

7) M. MATTHES, Melliand Textilberichte **32**, 33 (1951)

8) V. ELSAESSER, Kolloid-Z. **111**, 174 (1948); **112**, 120 (1949)
   u. **113**, 37 (1949)

9) P.H. HERMANS, J.J. HERMANS, D. VERMAAS u. A. WEIDINGER,
   J.polym.Sci. **1**, 389 u. 393 (1946); **2**, 632 (1947); **3**, 1 (1948)

10) W. KAST, L. FLASCHNER u. E. WINKLER, Kolloid-Z. **111**, 1 (1948)

11) W. KUHN u. F. GRÜN, Kolloid-Z. **101**, 248 (1942)

12) O. KRATKY u. A. SEKORA, Kolloid-Z. **108**, 169 (1944)

13) W. MESKAT, unveröffentl. Berichte der Farbenfabriken Bayer, (Dormagen 1948)

14) O. KRATKY, G. POROD u. E. TREIBER, Kolloid-Z. **121**, 1 (1951)

15) F.H. MÜLLER, Kolloid-Z. **123**, 66 (1951)

FORSCHUNGSBERICHTE DES WIRTSCHAFTS- UND VERKEHRSMINISTERIUMS NORDRHEIN-WESTFALEN

Herausgegeben von Ministerialdirektor Prof. Leo Brandt

Heft 1:
Prof. Dr.-Ing. Eugen Flegler, Aachen,
Untersuchungen oxydischer Ferromagnet-Werkstoffe

Heft 2:
Prof. Dr. phil. Walter Fuchs, Aachen,
Untersuchungen über absatzfreie Teeröle

Heft 3:
Techn.-Wissenschaftl. Büro für die Bastfaserindustrie, Bielefeld,
Untersuchungsarbeiten zur Verbesserung des Leinenwebstuhls

Heft 4:
Prof. Dr. E. A. Müller u. Dipl.-Ing. H. Spitzer, Dortmund,
Untersuchungen über die Hitzebelastung in Hüttenbetrieben

Heft 5:
Dipl.-Ing. Werner Fister, Aachen,
Prüfstand der Turbinenuntersuchungen

Heft 6:
Prof. Dr. phil. Walter Fuchs, Aachen,
Untersuchungen über die Zusammensetzung und Verwendbarkeit von Schwelteerfraktionen

Heft 7:
Prof. Dr. phil. Walter Fuchs, Aachen,
Untersuchungen über emsländisches Petrolatum

Heft 8:
Maria Elisabeth Meffert und Heinz Stratmann, Essen
Algen-Großkulturen im Sommer 1951

Heft 9:
Techn.-Wissenschaftl. Büro für die Bastfaserindustrie, Bielefeld,
Untersuchungen über die zweckmäßige Wicklungsart von Leinengarnkreuzspulen unter Berücksichtigung der Anwendung hoher Geschwindigkeiten des Garnes
Vorversuche für Zetteln und Schären von Leinengarnen auf Hochleistungsmaschinen

Heft 10:
Prof. Dr. Wilhelm Vogel, Köln,
„Das Streifenpaar" als neues System zur mechanischen Vergrößerung kleiner Verschiebungen und seine technischen Anwendungsmöglichkeiten

Heft 11:
Laboratorium für Werkzeugmaschinen und Betriebslehre, Technische Hochschule Aachen,
1. Untersuchungen über Metallbearbeitung im Fräsvorgang mit Hartmetallwerkzeugen und negativem Spanwinkel
2. Weiterentwicklung des Schleifverfahrens für die Herstellung von Präzisionswerkstücken unter Vermeidung hoher Temperaturen
3. Untersuchung von Oberflächenveredlungsverfahren zur Steigerung der Belastbarkeit hochbeanspruchter Bauteile

Heft 12:
Elektrowärme-Institut, Langenberg (Rhld.),
Induktive Erwärmung mit Netzfrequenz

Heft 13:
Techn.-Wissenschaftl. Büro für die Bastfaserindustrie, Bielefeld,
Das Naßspinnen von Bastfasergarnen mit chemischen Zusätzen zum Spinnbad

Heft 14:
Forschungsstelle für Acetylen, Dortmund,
Untersuchungen über Aceton als Lösungsmittel für Acetylen

Heft 15:
Wäschereiforschung Krefeld,
Trocknen von Wäschestoffen

Heft 16:
Max-Planck-Institut für Kohlenforschung, Mülheim a. d. Ruhr,
Arbeiten des MPI für Kohlenforschung

Heft 17:
Ingenieurbüro Herbert Stein, M. Gladbach,
Untersuchung der Verzugsvorgänge in den Streckwerken verschiedener Spinnereimaschinen. 1. Bericht: Vergleichende Prüfung mit verschiedenen Dickenmeßgeräten

Heft 18:
Wäschereiforschung Krefeld,
Grundlagen zur Erfassung der chemischen Schädigung beim Waschen

Heft 19:
Techn.-Wissenschaftl. Büro für die Bastfaserindustrie, Bielefeld,
Die Auswirkung des Schlichtens von Leinengarnketten auf den Verarbeitungswirkungsgrad, sowie die Festigkeits- und Dehnungsverhältnisse der Garne und Gewebe

Heft 20:
Techn.-Wissenschaftl. Büro für die Bastfaserindustrie, Bielefeld,
Trocknung von Leinengarnen I
Vorgang und Einwirkung auf die Garnqualität

Heft 21:
Techn.-Wissenschaftl. Büro für die Bastfaserindustrie, Bielefeld,
Trocknung von Leinengarnen II
Spulenanordnung und Luftführung beim Trocknen von Kreuzspulen

Heft 22:
Techn.-Wissenschaftl. Büro für die Bastfaserindustrie, Bielefeld,
Die Reparaturanfälligkeit von Webstühlen

Heft 23:
Institut für Starkstromtechnik, Aachen,
Rechnerische und experimentelle Untersuchungen zur Kenntnis der Metadyne als Umformer von konstanter Spannung auf konstanten Strom

Heft 24:
Institut für Starkstromtechnik, Aachen,
Vergleich verschiedener Generator-Metadyne-Schaltungen in bezug auf statisches Verhalten

Heft 25:
Gesellschaft für Kohlentechnik mbH., Dortmund-Eving,
Struktur der Steinkohlen und Steinkohlen-Kokse

Heft 26:
Techn.-Wissenschaftl. Büro für die Bastfaserindustrie, Bielefeld,
Vergleichende Untersuchungen zweier neuzeitlicher Ungleichmäßigkeitsprüfer für Bänder und Garne hinsichtlich Ihrer Eignung für die Bastfaserspinnerei

Heft 27:
Prof. Dr. E. Schratz, Münster,
Untersuchungen zur Rentabilität des Arzneipflanzenanbaues
Römische Kamille, Anthemis nobilis L.

Heft: 28:
Prof. Dr. E. Schratz, Münster,
Calendula officinalis L.
Studien zur Ernährung, Blütenfüllung und Rentabilität der Drogengewinnung

Heft 29:
Techn.-Wissenschaftl. Büro für die Bastfaserindustrie, Bielefeld,
Die Ausnützung der Leinengarne in Geweben

Heft 30:
Gesellschaft für Kohlentechnik mbH., Dortmund-Eving,
Kombinierte Entaschung und Verschwelung von Steinkohle; Aufarbeitung von Steinkohlenschlämmen zu verkokbarer oder verschwelbarer Kohle

Heft 31:
Dipl.-Ing. Störmann, Essen,
Messung des Leistungsbedarfs von Doppelsteg-Kettenförderern

VERÖFFENTLICHUNGEN DER ARBEITSGEMEINSCHAFT FÜR FORSCHUNG DES LANDES NORDRHEIN-WESTFALEN

Im Auftrage des Ministerpräsidenten Karl Arnold
Herausgegeben von Ministerialdirektor Prof. Leo Brandt

Heft 1:
Prof. Dr.-Ing. Friedrich Seewald, Technische Hochschule Aachen,
Neue Entwicklungen auf dem Gebiete der Antriebsmaschinen
Prof. Dr.-Ing. Friedrich A. F. Schmidt, Technische Hochschule Aachen,
Technischer Stand und Zukunftsaussichten der Verbrennungsmaschinen, insbesondere der Gasturbinen
Dr.-Ing. R. Friedrich, Siemens-Schuckert-Werke A.-G., Mülheimer Werk,
Möglichkeiten und Voraussetzungen der industriellen Verwertung der Gasturbine

Heft 2:
Prof. Dr.-Ing. Wolfgang Riezler, Universität Bonn,
Probleme der Kernphysik
Prof. Dr. phil. Fritz Micheel, Universität Münster,
Isotope als Forschungsmittel in der Chemie und Biochemie

Heft 3:
Prof. Dr. med. Emil Lehnartz, Universität Münster,
Der Chemismus der Muskelmaschine
Prof. Dr. med. Gunther Lehmann, Direktor des Max-Planck-Instituts für Arbeitsphysiologie, Dortmund,
Physiologische Forschung als Voraussetzung der Bestgestaltung der menschlichen Arbeit
Prof. Dr. Heinrich Kraut, Max-Planck-Institut für Arbeitsphysiologie, Dortmund,
Ernährung und Leistungsfähigkeit

Heft 4:
Prof. Dr. Franz Wever, Max-Planck-Institut für Eisenforschung, Düsseldorf,
Aufgaben der Eisenforschung
Prof. Dr.-Ing. Hermann Schenck, Technische Hochschule Aachen,
Entwicklungslinien des deutschen Eisenhüttenwesens
Prof. Dr.-Ing. Max Haas, Techn. Hochschule Aachen,
Wirtschaftliche und technische Bedeutung der Leichtmetalle und ihre Entwicklungsmöglichkeiten

Heft 5:
Prof. Dr. med. Walter Kikuth, Medizinische Akademie Düsseldorf,
Virusforschung
Prof. Dr. Rolf Danneel, Universität Bonn,
Fortschritte der Krebsforschung
Prof. Dr. med. Dr. phil. W. Schulemann, Univ. Bonn,
Wirtschaftliche und organisatorische Gesichtspunkte für die Verbesserung unserer Hochschulforschung

Heft 6:
Prof. Dr. Walter Weizel, Institut für theoretische Physik, Bonn,
Die gegenwärtige Situation der Grundlagenforschung in der Physik
Prof. Dr. Siegfried Strugger, Universität Münster,
Das Duplikantenproblem in der Biologie
Prof. Dr. Rolf Danneel, Universität Bonn,
Über das Verhalten der Mitochondrien bei der Mitose der Mesenchymzellen des Hühner-Embryos
Direktor Dr. Fritz Gummert, Ruhrgas A.-G., Essen,
Überlegungen zu den Faktoren Raum und Zeit im biologischen Geschehen und Möglichkeiten einer Nutzanwendung

Heft 7:
Prof. Dr.-Ing. August Götte, Technische Hochschule Aachen,
Steinkohle als Rohstoff und Energiequelle
Prof. Dr. e. h. Karl Ziegler, Max-Planck-Institut für Kohlenforschung Mülheim a. d. Ruhr,
Über Arbeiten des Max-Planck-Instituts für Kohlenforschung

Heft 8:
Prof. Dr.-Ing. Wilhelm Fucks, Technische Hochschule Aachen,
Die Naturwissenschaft, die Technik und der Mensch
Prof. Dr. sc. pol. Walther Hoffmann, Universität Münster,
Wirtschaftliche und soziologische Probleme des technischen Fortschritts

Heft 9:
Prof. Dr.-Ing. Franz Bollenrath, Technische Hochschule Aachen,
Zur Entwicklung warmfester Werkstoffe
Dr. Heinrich Kaiser, Staatl. Materialprüfungsamt Dortmund,
Stand spektralanalytischer Prüfverfahren und Folgerung für deutsche Verhältnisse

Heft 10:
Prof. Dr. Hans Braun, Universität Bonn,
Möglichkeiten und Grenzen der Resistenzzüchtung
Prof. Dr.-Ing. Carl Heinrich Dencker, Universität Bonn,
Der Weg der Landwirtschaft von der Energieautarkie zur Fremdenergie

Heft 11:
Prof. Dr.-Ing. Herwart Opitz, Technische Hochschule Aachen,
Entwicklungslinien der Fertigungstechnik in der Metallbearbeitung
Prof. Dr.-Ing. Karl Krekeler, Technische Hochschule Aachen,
Stand und Aussichten der schweißtechnischen Fertigungsverfahren

Heft: 12
Dr. Hermann Rathert, Mitglied des Vorstandes der Vereinigten Glanzstoff-Fabriken A.-G., Wuppertal-Elberfeld,
Entwicklung auf dem Gebiet der Chemiefaser-Herstellung
Prof. Dr. Wilhelm Weltzien, Direktor der Textilforschungsanstalt Krefeld,
Rohstoff und Veredlung in der Textilwirtschaft

Heft: 13
Dr.-Ing. e. h. Karl Herz, Chefingenieur im Bundesministerium für das Post- und Fernmeldewesen Frankfurt a. Main,
Die technischen Entwicklungstendenzen im elektrischen Nachrichtenwesen
Ministerialdirektor Dipl.-Ing. Leo Brandt, Düsseldorf,
Navigation und Luftsicherung

Heft 14:
Prof. Dr. Burckhardt Helferich, Universität Bonn,
Stand der Enzymchemie und ihre Bedeutung
Prof. Dr. med. Hugo W. Knipping, Direktor der Med. Universitätsklinik Köln,
Ausschnitt aus der klinischen Carcinomforschung am Beispiel des Lungenkrebses

Heft 15:
Prof. Dr. Abraham Esau, Technische Hochschule Aachen,
Die Bedeutung von Wellenimpulsverfahren in Technik und Natur
Prof. Dr.-Ing. Eugen Flegler, Technische Hochschule Aachen,
Die ferromagnetischen Werkstoffe in der Elektrotechnik und ihre neueste Entwicklung

Heft 16:
Prof. Dr. rer. pol. Rudolf Seyffert, Universität Köln,
Die Problematik der Distribution
Prof. Dr. rer. pol. Theodor Beste, Universität Köln,
Der Leistungslohn

Heft 17:
Prof. Dr.-Ing. Friedrich Seewald, Technische Hochschule Aachen,
Die Flugtechnik und ihre Bedeutung für den allgemeinen technischen Fortschritt
Prof. Dr.-Ing. Edouard Houdremont, Essen,
Art und Organisation der Forschung in einem Industriekonzern

Heft 18:
Prof. Dr. med. Dr. phil. W. Schulemann, Universität Bonn,
Theorie und Praxis pharmakologischer Forschung
Prof. Dr. Wilhelm Groth, Direktor des Physikalisch-Chemischen Instituts, Universität Bonn,
Technische Verfahren zur Isotopentrennung

Heft 19:
Dipl.-Ing. Kurt Traenckner, Stellvertr. Vorstandsmitglied der Ruhrgas-A.G., Essen,
Entwicklungstendenzen der Gaserzeugung

Heft 21:
Prof. Dr. phil. Robert Schwarz, Aachen,
Wesen und Bedeutung der Silicium-Chemie
Prof. Dr. Kurt Alder, Universität Köln,
Fortschritte in der Synthese von Kohlenstoffverbindungen

Heft 21 a
Jahresfeier der Arbeitsgemeinschaft für Forschung des Landes Nordrhein-Westfalen am 21. 5. 1952 in Düsseldorf mit Ansprachen des Herrn Bundespräsidenten Professor Dr. Theodor Heuss, des Herrn Ministerpräsidenten Arnold, Frau Kultusminister Teusch, der Herren Professor Dr. Hahn, Professor Dr. Strugger, Vizepräsident Dobbert, Professor Dr. Richter, Professor Dr. Fucks.

Heft 22:
Prof. Dr. Johannes von Allesch, Universität Göttingen,
Die Bedeutung der Psychologie im öffentlichen Leben
Prof. Dr. med. Otto Graf, Max-Planck-Institut für Arbeitsphysiologie, Dortmund,
Triebfedern menschlicher Leistung

Heft 23:
Prof. Dr. phil. Dr. jur. h. c. Bruno Kuske, Universität Köln,
Probleme der Raumforschung
Prof. Dr. Dr.-Ing. e. h. Prager,
Städtebau und Landesplanung

Heft 23 a:
M. Zvegintzov, Wissenschaftliche Forschung und die Auswertung ihrer Ergebnisse. Ziel und Tätigkeit der National Research Development Corporation
Dr. Alexander King, Department of Scientific & Industrial Research, London,
Wissenschaft und internationale Beziehungen

Heft 24:
Prof. Dr. Rolf Danneel, Universität Bonn,
Über die Wirkungsweise der Erbfaktoren
Prof. Dr. K. Herzog, Medizinische Akademie Düsseldorf,
Bewegungsbedarf der menschlichen Gliedmaßengelenke bei der Berufsarbeit

Heft 25:
Prof. Dr. O. Haxel, Heidelberg,
Energiegewinnung aus Kernprozessen
Dr. Dr. Max Wolf, Düsseldorf,
Gegenwartsprobleme der energiewirtschaftlichen Forschung

Heft 26:
Prof. Dr. Friedrich Becker, Universität Bonn,
Ultrakurzwellen aus dem Weltraum, ein neues Forschungsgebiet der Astronomie
Dozent Dr. H. Straßl, Bonn,
Bemerkenswerte Doppelsterne und das Problem der Sternentwicklung

Heft 27:
Prof. Dr. Heinrich Behnke, Universität Münster,
Der Strukturwandel der Mathematik in der ersten Hälfte des 20. Jahrhunderts
Prof. Dr. E. Sperner, Bonn,
Eine mathematische Analyse der Luftdruckverteilungen in großen Gebieten

Heft 28:
Prof. Dr. O. Niemczyk, Aachen,
Die Problematik gebirgsmechanischer Vorgänge im Steinkohlenbergbau
Prof. Dr. W. Ahrens, Krefeld,
Die Bedeutung geologischer Forschung für die Wirtschaft, besonders in Nordrhein-Westfalen

Heft 29:
Prof. Dr. B. Rensch, Münster,
Das Problem der Residuen bei Lernleistungen
Prof. Dr. H. Fink, Köln,
Über Leberschäden bei der Bestimmung des biologischen Wertes verschiedener Eiweiße von Mikroorganismen

Heft 30:
Prof. Dr.-Ing. F. Seewald, Aachen,
Forschungen auf dem Gebiete der Aerodynamik
Prof. Dr.-Ing. K. Leist, Aachen,
Forschungen in der Gasturbinentechnik

Geisteswissenschaften

Heft 1:
Prof. Dr. W. Richter, Bonn,
Die Bedeutung der Geisteswissenschaften für die Bildung unserer Zeit
Prof. Dr. J. Ritter, Münster,
Die aristotelische Lehre vom Ursprung und Sinn der Theorie

Heft 2:
Prof. Dr. J. Kroll, Köln,
Elysium
Prof. Dr. G. Jachmann, Köln,
Die vierte Ekloge Vergils

Heft 3:
Prof. Dr. H. E. Stier, Münster,
Die klassische Demokratie

Heft 4:
Prof. Dr. W. Caskel, Köln,
Lihjan und Lihjanisch. Sprache und Kultur eines früharabischen Königreiches

Heft 5:
Prof. Dr. Th. Ohm, Münster,
Stammesreligionen im südlichen Tanganyika-Territorium. — Religionswissenschaftliche Ergebnisse meiner Ostafrikareise 1951

Heft 6:
Prälat Prof. Dr. G. Schreiber, Münster,
Deutsche Wissenschaftpolitik von Bismarck bis zum Atomphysiker Otto Hahn

Heft 7:
Prof. Dr. W. Holtzmann, Bonn,
Das mittelalterliche Imperium und die werdenden Nationen

Heft 8:
Prof. Dr. W. Caskel, Köln,
Die Bedeutung der Beduinen in der Geschichte der Araber

Heft 9:
Prälat Prof. Dr. G. Schreiber, Münster,
Iroschottische und angelsächsische Kultureinflüsse im Mittelalter

Heft 10:
Prof. Dr. P. Rassow, Köln,
Forschungen zur Reichsidee im 16. und 17. Jahrhundert

Heft 11:
Prof. Dr. H. E. Stier, Münster,
Roms Aufstieg zur Weltherrschaft

Heft 12:
Prof. D. K. H. Rengstorf, Münster,
Zum Problem der Gleichberechtigung zwischen Mann und Frau auf dem Boden des Urchristentums
Prof. Dr. H. Conrad, Bonn,
Grundprobleme einer Reform des Familienrechts

Heft 13:
Professor Dr. Max Braubach, Bonn,
Der Weg zum 20. Juli 1944 — Ein Forschungsbericht

If you have any concerns about our products,
you can contact us on
ProductSafety@springernature.com

In case Publisher is established outside the EU,
the EU authorized representative is:
**Springer Nature Customer Service Center GmbH
Europaplatz 3, 69115 Heidelberg, Germany**

Printed by Libri Plureos GmbH
in Hamburg, Germany